普通高等教育电工电子类课程新形态教材

电路设计与 PCB 制作实操教程

主　编　周永宏

副主编　刘汉奎　冯正勇

中国水利水电出版社
www.waterpub.com.cn
·北京·

内 容 提 要

本书以电子系统中常用的电路模块为依托，将必须掌握的理论知识、软件操作与常用电路的设计和制作建立联系，将能力和技能培养贯穿其中。本书根据行业对人才知识和技能的要求设置了 8 章：Altium Designer 软件介绍及安装、直流稳压电源、电容测量仪、红外遥控转发器、八位数模转换器、单片机数码显示系统、PCB 板制作、智能家居控制系统，内容既相辅相成又相对独立，学习完这些内容学生可以掌握常见电路模块的设计方法和目前主流的电路设计及 PCB 制作技术。

本书可作为高等院校和职业学校电子信息类相关专业的教材，也可作为电子元件制造人员和电子设备装配调试人员资格证培训参考书。

本书提供电子教案和所有电路、元器件、PCB 版图、程序代码等原始资源，读者可以从中国水利水电出版社网站（www.waterpub.com.cn）或万水书苑网站（www.wsbookshow.com）免费下载。

图书在版编目（CIP）数据

电路设计与PCB制作实操教程 / 周永宏主编. -- 北京 : 中国水利水电出版社，2021.12
普通高等教育电工电子类课程新形态教材
ISBN 978-7-5226-0255-4

Ⅰ. ①电… Ⅱ. ①周… Ⅲ. ①电子电路－电路设计－高等学校－教材②电子产品－制作－高等学校－教材
Ⅳ. ①TN702

中国版本图书馆CIP数据核字(2021)第237092号

策划编辑：周益丹　　　责任编辑：周益丹　　　封面设计：李　佳

书　　名	普通高等教育电工电子类课程新形态教材 **电路设计与 PCB 制作实操教程** DIANLU SHEJI YU PCB ZHIZUO SHICAO JIAOCHENG
作　　者	主　编　周永宏 副主编　刘汉奎　冯正勇
出版发行	中国水利水电出版社 （北京市海淀区玉渊潭南路 1 号 D 座　100038） 网址：www.waterpub.com.cn E-mail：mchannel@263.net（万水） 　　　　sales@waterpub.com.cn 电话：（010）68367658（营销中心）、82562819（万水）
经　　售	全国各地新华书店和相关出版物销售网点
排　　版	北京万水电子信息有限公司
印　　刷	雅迪云印（天津）科技有限公司
规　　格	190mm×230mm　16 开本　10 印张　190 千字
版　　次	2021 年 12 月第 1 版　2021 年 12 月第 1 次印刷
印　　数	0001—2000 册
定　　价	48.00 元

前　　言

　　"电路设计与 PCB 制作"是高等院校电子信息类相关专业的一门非常重要的实践性很强的技术基础课，课程的最终目的是要学生在熟练掌握电路设计软件（Altium Designer）的基础上独立完成电子产品的电路设计、PCB 加工制作、元器件焊接、程序设计及系统测试等一系列工作。

　　本书编者均在西华师范大学长期从事该课程的教研工作。师范院校女生偏多，她们擅长软件操作，但对后续的 PCB 加工制作、元器件焊接和系统调试等需要与实际器件打交道的环节整体积极性不高、掌握程度欠佳，阻碍了实践动手能力的提升。编写本书的初心即是期望通过教材教法的创新来解决这一问题。

　　本书与同类教材相比，特色在于：

　　（1）完全以章节为导向，每个章节独立且完整，通过不同的章节学生可掌握本课程中不同的专业技能。例如第 2 章"直流稳压电源"的主要目的是让学生能快速上手，完成一个简单电路的全部设计过程（电路原理图和 PCB 绘制），提升学习兴趣；第 3 章"电容测量仪"加入了元件和封装的绘制；第 4 章"红外遥控转发器"着重介绍层次电路的绘制；第 5 章"八位数模转换器"着重培养学生利用芯片数据手册进行电路设计的能力；第 6 章"单片机数码显示系统"着重培养学生手动布线的能力；第 7 章"PCB 板制作"让学生掌握 PCB 加工制作的两种常用方法：热转印法和显影腐蚀法；第 8 章"智能家居控制系统"着重培养学生综合设计电子系统的能力。

　　（2）将电路设计软件 Altium Designer 与 PCB 板的加工制作、元器件焊接、程序设计、系统调试与测试等电子产品设计的所有环节有机融合，可极大提高学生的实践动手能力。本书正式出版之前在我校试用了几年，学生的实践动手能力相比之前有了较大提高，取得了不错的成效。

　　本书是编者多年教学经验的凝练，主要由周永宏、刘汉奎、冯正勇三位教授编写，研究生李翰鑫、陈小冲、张群林和余美林负责绘图、加工和配套资源的开发工作。

　　由于编者水平有限，书中疏漏甚至错误之处在所难免，恳请读者批评指正。

编　者

2021 年 8 月

目　　录

第 1 章　Altium Designer 软件介绍及安装

1.1　软件介绍

　　Altium Designer 系统是 Altium 公司于 2006 年初推出的一种电子设计自动化（Electronic Designer Automation）软件，它综合了电子产品一体化开发所必需的所有技能与技术，使电子工程师的工作更加便捷、有效和轻松，解决了电子工程师在项目开发中遇到的各种挑战。本书以 Altium Designer 17 版本为例，通过演示实验例程向读者介绍 Altium Designer 软件的功能及操作方法。

1.2　软件安装

　　（1）双击安装文件夹中的 setup.exe 文件，软件开始安装，系统弹出安装界面，如图 1-1 所示。

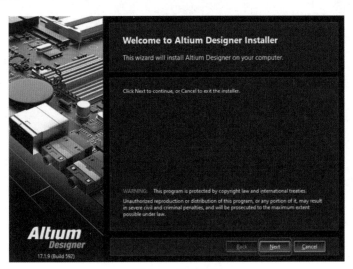

图 1-1　安装界面

　　（2）单击 Next 按钮进入软件许可界面（如图 1-2 所示），在 Select language 下拉列表框中选择语言，我们选择 Chinese 并勾选 I accept the agreement 复选项。

图 1-2　软件许可界面

（3）单击 Next 按钮进入选择设计功能界面（如图 1-3 所示），根据所需勾选功能，我们选择 PCB Design、Platform Extensions、Suppliers 和 Importers\Exporters。

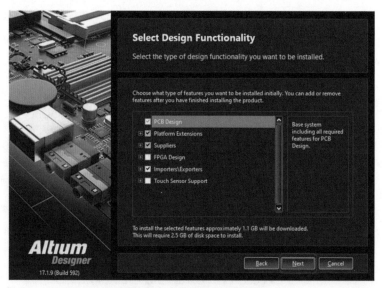

图 1-3　选择设计功能界面

（4）单击 Next 按钮进入安装路径向导（如图 1-4 所示），系统默认的安装路径为 C:\Program Files(x86)\Altium\AD17，默认的共享文档路径为 C:\Users\Public\

Document\Altium\SAD17", 如需修改安装路径和共享文档路径, 应单击路径栏后的
"文件样式" 按钮![icon], 在弹出的路径对话框中修改, 选择目标文件夹。

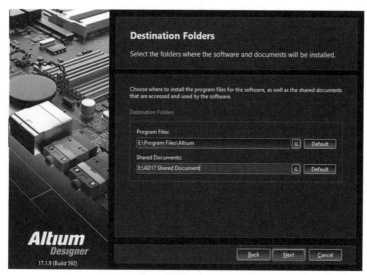

图 1-4 选择安装路径向导

（5）单击 Next 按钮跳转至提示 Altium Designer 收集安装信息完毕界面（如图
1-5 所示）, 再单击 Next 按钮即开始安装。

（6）完成后单击 Finish 按钮, 安装完毕。

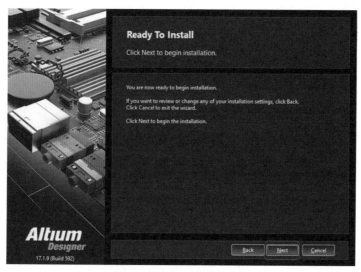

图 1-5 收集安装信息完毕

第2章 直流稳压电源

2.1 直流稳压电源介绍及工作原理

直流稳压电源是一种将 220V 工频交流电转换成稳压输出的直流电压装置，它需要经过变压、整流、滤波、稳压 4 个环节才能完成。

变压电路：将 220V 交流电转化为整流电路需要的低压交流电。

整流电路：利用二极管单向导电的特性将低压交流电转化为低压单向电压。

滤波电路：将低压单向电压变为较为平滑的直流。

稳压电路：使输出的直流电压变得更加稳定。

如图 2-1 所示为直流稳压电源工作原理图。

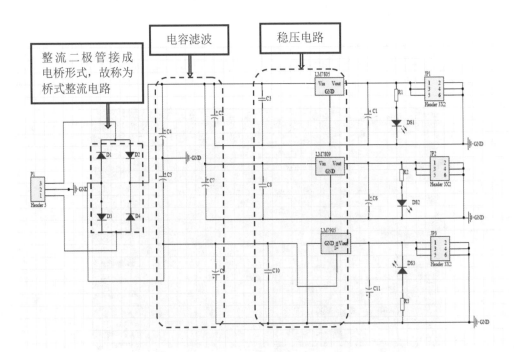

图 2-1 直流稳压电源工作原理图

LM7805、LM7809、LM7905：三端集成稳压电路，只有三条引脚输出，分别是输入端、接地端和输出端。

Header3×2：Header 为插件，后面的 3×2 表示双排 6 脚的规格。

2.2　原理图绘制

2.2.1　创建项目及文件管理

（1）选择"文件"→"新的"→"工程"命令，弹出如图 2-2 所示的"新工程"对话框。在"工程类别"列表框中选择 PCB Project 选项，单击 OK 按钮，在左侧的 Projects 面板上系统自动创建了一个默认名为 PCB_Project 的工程，如图 2-3 所示。

图 2-2　新工程创建规格设置

（2）在 PCB_Project.PrjPcb 上右击并选择"保存工程为"选项，将工程的文件名更改为"直流稳压电源"，单击"保存"按钮。

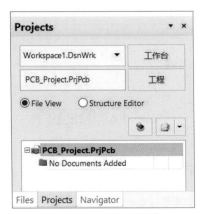

图 2-3　Projects 面板

（3）右击"直流稳压电源.PrjPcb"并选择"给工程添加新的"→Schematic 选项，如图 2-4 所示，系统随即在该 PCB 工程中新建一个名为 Sheet1.SchDoc 的空白原理图文件，并打开原理图编辑环境。

图 2-4　新建空白原理图文件

（4）在 Sheet1.SchDoc 上右击并选择"保存为"选项，将文件名改为"直流稳压电源"，单击"保存"按钮。

2.2.2　元件调选及属性修改

（1）在原理图界面右下角找到 system 单击并选择"库"选项。

（2）在右侧弹出"库"窗口，在其中选择需要的元件并双击，元件会跟着光标移动，此时每按一次空格键元件逆时针旋转 90 度，将元件移动到图纸适当的位置后单击，元件即会被放置。此时仍处于元件放置状态，再次单击又会放置同一元件。右击则可退出元件放置状态。

（3）属性修改：元件在放置状态时按 Tab 键或者放置完成后双击元件，会弹出元件属性对话框，以二极管 Diode 为例，如图 2-5 所示。

图 2-5　元件属性对话框

2.2.3　新元件绘制

（1）在"直流稳压电源.PrjPcb"上右击并选择"给工程添加新的"→Schematic Library 选项，如图 2-6 所示。

图 2-6　新建原理元件库

（2）以绘制 LM7905 为例。首先在上方工具菜单栏中单击"放置矩形"，如图 2-7 所示，然后画出合适大小的矩形，随即在工具栏中单击"放置引脚"，如图 2-8 所示。移动引脚到矩形边框处单击完成放置。引脚放置时带有十字光标的一头必须朝外，可以通过按空格键来旋转引脚。引脚在放置状态时按 Tab 键或者放置完成后双击引脚，会弹出引脚属性对话框，在其中可以完成引脚的属性设置，设置完成后单击"确定"按钮，如图 2-9 所示。其余引脚的属性设置类似。LM7905 绘制完成后如图 2-10 所示。

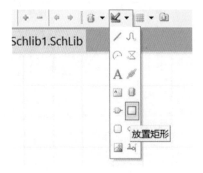

图 2-7　放置矩形

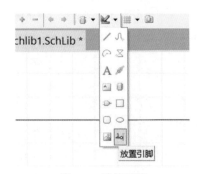

图 2-8　放置引脚

管脚属性   ✕

逻辑的 参数

显示名字   GND   ☑ 可见的
标识   0   □ 可见的

电气类型   Passive

描述

隐藏   □ 连接到...

端口数目   1

GND

符号   绘图的
里面   No Symbol   位置   X 0   Y -20
内边沿   No Symbol   长度   30
外部边沿   No Symbol   定位   180 Degrees
外部   No Symbol   颜色   锁定   □
Line Width   Smallest

Name Position and Font   Designator Position and Font
Customize Position □   Customize Position □
Margin   0   Margin   0
Orientation   0 Degrees   To Pin   Orientation   0 Degrees   To Pin

Use local font setting □ Times New Roman, 10   Use local font setting □ Times New Roman, 10

VHDL参数
默认的数据保   格式类型   唯一的ID RHSRTWBR   复位

确定   取消

修改引脚名或引
脚标识是否可见

图 2-9 引脚属性对话框

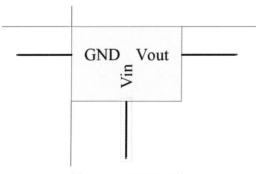

图 2-10   LM7905 元件

注意：要分清引脚的名称端和标识端的方向。名称端朝向矩形框，标识端朝向矩形框外。

（3）绘制完成后，在左侧 Projects 面板的下拉列表框中选择 SCH Library，如图 2-11 所示。

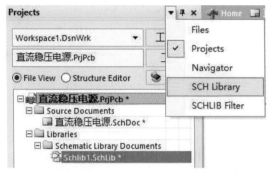

图 2-11　选择 SCH Library

（4）切换到 SCH Library 面板，单击"编辑"按钮，弹出元件属性对话框（如图 2-12 所示），在其中将名称修改为 LM7905，并为元件添加封装。

图 2-12　元件属性对话框

（5）单击 Add 按钮，弹出"添加新模型"对话框，如图 2-13 所示，选择 Footprint 后单击"浏览"按钮浏览封装库，如图 2-14 所示。

图 2-13　"添加新模型"对话框

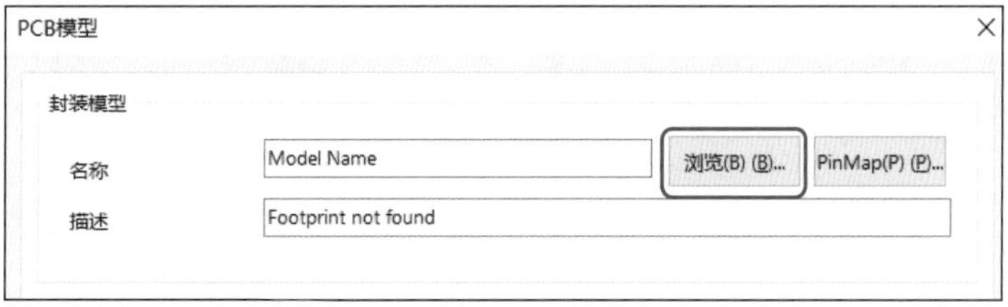

图 2-14　浏览封装库

（6）单击图 2-15 中框选位置进行安装库操作。打开可用库窗口，选择事先下载好的封装库文件，文件名为"常用芯片（直插）.PcbLib"，双击打开即安装完成，如图 2-16 和图 2-17 所示。

库(L) (L)　■ Miscellaneous Devices PCB.PcbLib　　　　　　　　　　　　发现...

图 2-15　可用库窗口

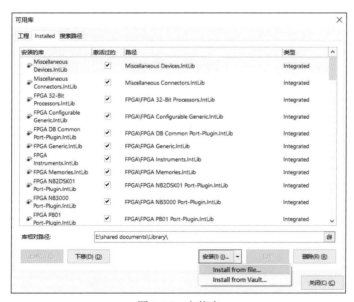

图 2-16　安装库

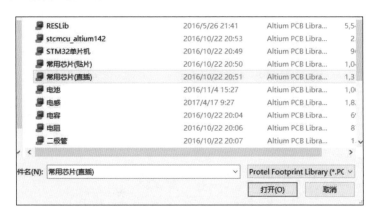

图 2-17   选择目标文件

注意：这里使用的封装库需要提前在附录链接中下载，原理图中的元件 LM7805、LM7905、LM7809 封装都为 TO-220。此处重点为原理图绘制，对元件封装绘制不需要做太多了解，在后续实验中再进行详细讲述。

（7）由于元件 LM7805 和 LM7809 所需的封装都为 TO-220，所以需要移除元件原有的封装。双击元件 LM7805 打开元件属性对话框，单击右下角的 Remove 按钮并选择 Yes 选项，这样就移除了原有的封装，如图 2-18 所示，然后再为元件添加 TO-220 封装，如图 2-19 所示。

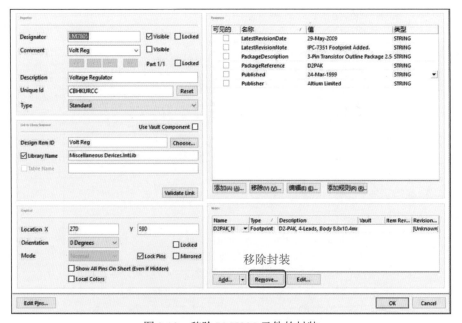

图 2-18   移除 LM7805 元件的封装

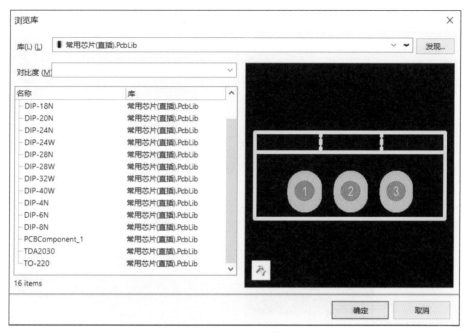

图 2-19　选择封装

2.2.4　直流稳压电源线路设计

（1）按照 2.2.2 节中的步骤在元件库中调选所需元件并合理地放置和修改元件的名称。我们需要在库中找到电容（Cap、Cap Pol）、二极管（Diode）、电阻（Resistor）、发光二极管（LED）、插件（Header 3×2、Header 3），如图 2-20 所示。

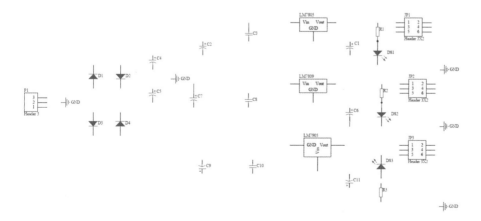

图 2-20　元件摆放位置

（2）放置导线。在工具栏中单击"放置线"，如图 2-21 所示。把光标移动到元件引脚端，光标中心"X"号变成"米"字形符号（如图 2-22 所示），单击左键放置导线的起点，单击左键可以确定导线的固定点，然后放置导线到终点单击左键，完成两个元件之间的导线连接。此时仍处于放置导线状态，重复步骤完成所有导线的放置，如图 2-23 所示。单击右键退出导线放置状态。

图 2-21　放置线

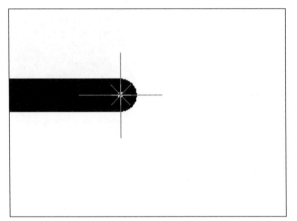

图 2-22　"米"字形符号

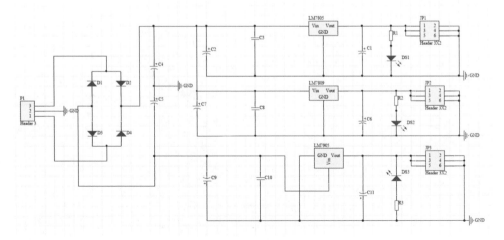

图 2-23　元件完成连线

（3）在 Projects 面板中右击"直流稳压电源.SchDoc"并选择"保存"选项。

（4）工程编译是用于检查设计原理图是否符合电气规则的重要手段，因为原理图中包含的电气连接直接代表了实际电路中的连接。在主菜单栏中选择"工程"→Compile PCB Project PCB_Project.PrjPcb，如图 2-24 所示。在原理图界面右下角找到 system 单击并选择 Messages 选项，如图 2-25 所示。

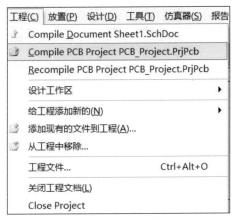

图 2-24　编译原理图　　　　　　　　　图 2-25　Messages

（5）出现如图 2-26 所示的编译结果，说明原理图中没有出现错误。如果出现错误，在 Messages 面板中会列出工程中的出错信息及相应的错误等级，其中的 Details 栏标明了与错误相关的详细信息，双击即可跳转至原理图中的具体错误。错误修改完成后需要再对原理图进行工程编译，直到没有错误为止。

图 2-26　编译结果

2.3   PCB 版图绘制

2.3.1   PCB 板属性预设

（1）在原理图界面右下角单击 system 并选择 File 选项，会在主界面的左侧弹出 Files 面板，在"从模板新建文件"列表框中选择 PCB Board Wizard（如图 2-27 所示），弹出"PCB 板向导"对话框。

图 2-27   PCB Board Wizard

（2）单击"下一步"按钮，在其中选择度量单位类型，这里我们选择"公制的"，然后单击"下一步"按钮，如图 2-28 所示。

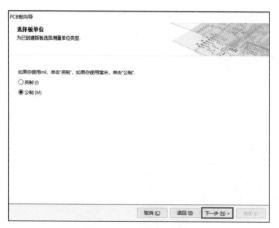

图 2-28   选择板单位

（3）进入"选择板配置"界面（如图 2-29 所示），根据需要选择，这里我们选择 Custom，单击"下一步"按钮。

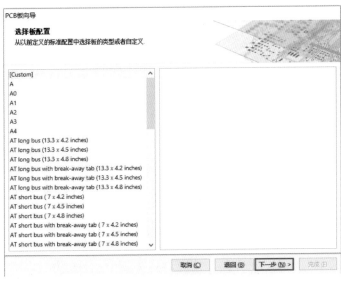

图 2-29 选择板剖面

（4）在"选择板详细信息"界面中选择合适的尺寸，如图 2-30 所示，板尺寸为：宽度 124.4mm，高度 99mm，其余参数为默认值，单击"下一步"按钮。

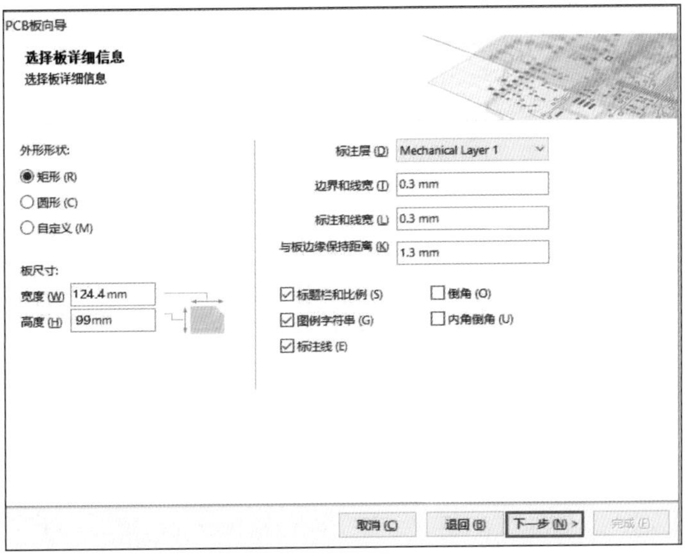

图 2-30 选择板详细信息

（5）在"选择板层"界面中将"电源平面"调节为 0，"信号层"保持不变，如图 2-31 所示，单击"下一步"按钮。

图 2-31　选择板层

（6）在"选择过孔类型"界面中选择"仅通孔的过孔"，如图 2-32 所示，单击"下一步"按钮。

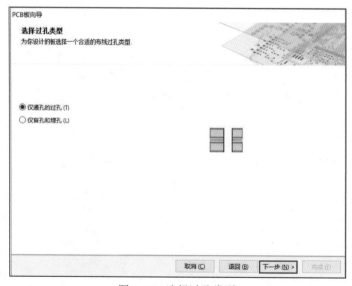

图 2-32　选择过孔类型

（7）在"选择元件和布线工艺"界面的"板主要有"区域选择"通孔器件"，在"临近焊盘间的走线数量"区域选择"一根走线"，如图 2-33 所示，单击"下一步"按钮。

图 2-33 选择元件和布线工艺

（8）在"选择默认线宽和过孔尺寸"界面中选择默认线合适的尺寸，最小导线尺寸为 0.5mm，最小过孔宽度为 1.6mm，最小过孔孔径大小为 0.8mm，最小间距为 0.3mm，如图 2-34 所示，单击"下一步"按钮。

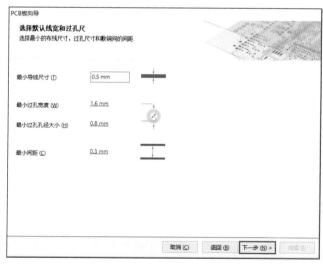

图 2-34 选择默认线和过孔尺寸

（9）单击"完成"按钮，把生成的 PCB 文件加入到当前工程中并保存，然后右击生成的 PCB 文件并选择"另存为"选项，将文件命名为"直流稳压电源"。

2.3.2　直流稳压电源 PCB 元件布局

（1）在主菜单栏中选择"设计"→"Update PCB Document 直流稳压电路.PcbDoc"，如图 2-35 所示。

图 2-35　原理图导入

（2）弹出"工程更改顺序"对话框，单击"生效更改"按钮，然后单击"执行更改"按钮，最后单击"关闭"按钮，如图 2-36 所示，此时全部元件都会出现在刚才所建的 PCB 文件中。

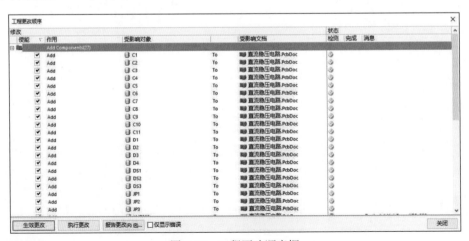

图 2-36　工程更改顺序框

（3）将元件放置在 PCB 板中。关于元件布置的要求主要有安装、受力、受热、信号、美观 5 个方面，按实际要求排布。值得注意是，为制作高质量的 PCB，有必要根据整个 PCB 的工作特性及一些特殊要求进行手动调整，如图 2-37 所示。

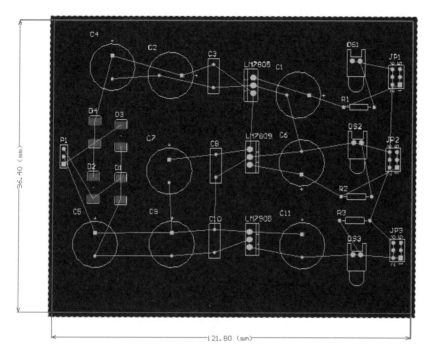

图 2-37　PCB 元件排布示意图

2.3.3　设置布线规则之双面布线

（1）在主菜单栏中选择"自动布线"→"全部"命令，如图 2-38 所示。

图 2-38　自动布线

（2）弹出"Situs 布线策略"对话框，这里我们选择 Default 2 Layer Board 布线策略，然后单击 Route All 按钮，如图 2-39 所示。在弹出的 Messages 对话框中检查列表中的最后一项，出现 Routing finished with 0 contentions 则说明布线完成，如图 2-40 和图 2-41 所示。

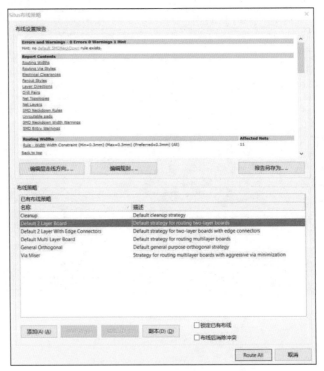

图 2-39　"Situs 布线策略"对话框

Class	Document	Source	Message	Time	Date	No.
Situs Event	PCB1.PcbDoc	Situs	Routing Started	13:01:58	2019/7/20	1
Routing Status	PCB1.PcbDoc	Situs	Creating topology map	13:01:59	2019/7/20	2
Situs Event	PCB1.PcbDoc	Situs	Starting Fan out to Plane	13:01:59	2019/7/20	3
Situs Event	PCB1.PcbDoc	Situs	Completed Fan out to Plane in 0 Seconds	13:01:59	2019/7/20	4
Situs Event	PCB1.PcbDoc	Situs	Starting Memory	13:01:59	2019/7/20	5
Situs Event	PCB1.PcbDoc	Situs	Completed Memory in 0 Seconds	13:01:59	2019/7/20	6
Situs Event	PCB1.PcbDoc	Situs	Starting Layer Patterns	13:01:59	2019/7/20	7
Routing Status	PCB1.PcbDoc	Situs	Calculating Board Density	13:01:59	2019/7/20	8
Situs Event	PCB1.PcbDoc	Situs	Completed Layer Patterns in 0 Seconds	13:01:59	2019/7/20	9
Situs Event	PCB1.PcbDoc	Situs	Starting Main	13:01:59	2019/7/20	10
Routing Status	PCB1.PcbDoc	Situs	Calculating Board Density	13:01:59	2019/7/20	11
Situs Event	PCB1.PcbDoc	Situs	Completed Main in 0 Seconds	13:01:59	2019/7/20	12
Situs Event	PCB1.PcbDoc	Situs	Starting Completion	13:01:59	2019/7/20	13
Situs Event	PCB1.PcbDoc	Situs	Completed Completion in 0 Seconds	13:01:59	2019/7/20	14
Situs Event	PCB1.PcbDoc	Situs	Starting Straighten	13:01:59	2019/7/20	15
Routing Status	PCB1.PcbDoc	Situs	61 of 61 connections routed (100.00%) in 1 Second	13:01:59	2019/7/20	16
Situs Event	PCB1.PcbDoc	Situs	Completed Straighten in 0 Seconds	13:02:00	2019/7/20	17
Routing Status	PCB1.PcbDoc	Situs	61 of 61 connections routed (100.00%) in 2 Seconds	13:02:00	2019/7/20	18
Situs Event	PCB1.PcbDoc	Situs	Routing finished with 0 contentions(s). Failed to complete 0 connection(s) in 2 Seconds	13:02:00	2019/7/20	19

图 2-40　检查布线完成与否

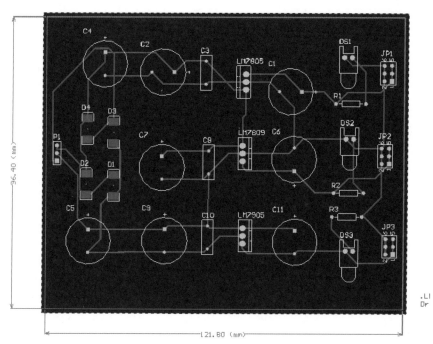

图 2-41　布线完成最终示意图

（3）保存工程文件。

第 3 章   电容测量仪

3.1   电容测量仪介绍及工作原理

电容测量仪的原理图如图 3-1 所示，其中主要包括 NE556 双定时器芯片、CD4553 芯片（3 位十进制计数器）和 CD4543 芯片（BCD 锁存/七段译码器）。

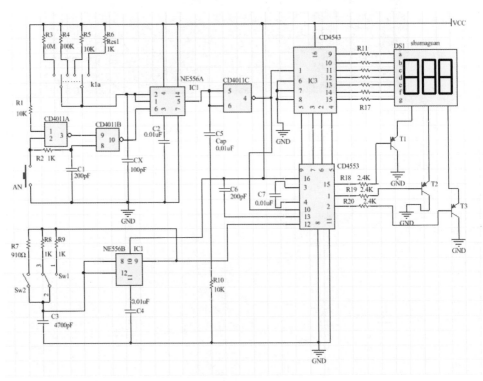

图 3-1   电容测量仪原理图

NE556 是一个双时基集成电路，其内部有个 555 时基电路即 NE555，因为它们封装在一个芯片内，所以能获得较好的一致性。而 NE556 为双极型电路，其输出驱动能力大，输出电流可达到 200mA，最大工作频率可达 500kHz。关于 NE555 的相关内容在模拟电路中有详细讲解，这里不再赘述。

CD4553 是 3 位十进制计数器，但只有一个输出端，要完成 3 位输出，则采用扫描输出方式，通过它的选通脉冲信号依次控制 3 位十进制数的输出，从而实现扫描显示方式。

芯片 CD4543 是一只具有锁存功能的七段字形译码器，具有 4 位二进制锁存。它的内部没有锁存单片，目的是防止在计数过程中显示器的数字发生翻动现象。

3.2　原理图绘制

3.2.1　创建项目及文件管理

（1）打开 Altium Designer，选择"文件"→New→Projects 命令，新建一个名为"电容测量"的 PCB 工程文件。

（2）右击"电容测量.PrjPcb"并选择"给工程添加新的"→Schematic 选项，系统会在该 PCB 工程中新建一个名为 Sheet1.SchDoc 的空白原理图文件并打开原理图编辑环境。

（3）在 Sheet1.SchDoc 上右击并选择"保存为"选项，将其另存为名为"电容测量"的文件。

3.2.2　NE556 双定时器绘制

（1）新建原理图库文件，右击"电容测量.PrjPcb"并选择"给工程添加新的"→SchematicLibrary 选项，将新建的原理图库另存为"电容测量"，然后单击进入原理图库界面。

（2）绘制 NE556 双定时器。由于电路需要，需要将 NE556 分为部件 A 和部件 B 两个部分来绘制。在主菜单栏中选择"工具"→"新部件"命令，如图 3-2 所示，然后将名称修改为 NE556。

图 3-2　添加新部件

（3）单击 Part A 文件，完成对 NE556-PartA 部分的绘制并对引脚编号进行修改；同理，单击 Part B 文件完成对 NE556-PartB 部分的绘制，如图 3-3 至图 3-5 所示。

图 3-3　部件 A 与部件 B

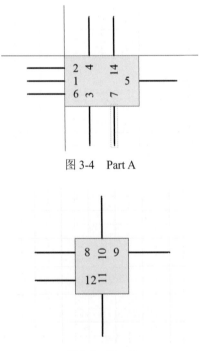

图 3-4　Part A

图 3-5　Part B

3.2.3　4-2 输入端与非门绘制（CD4011）

（1）在 SCH Library 面板中单击"添加"按钮，在弹出的 New Component Name 对话框中修改"名称"为 CD4011。

（2）为元件 CD4011 添加 3 个新部件：Part A、Part B、Part C，如图 3-6 所示。

图 3-6　添加 3 个新部件

（3）绘制 Part A 时需要对引脚的外部边沿属性进行修改，在"引脚属性"对话框的"外部边沿"下拉列表框中将 NoSymbol 改为 Dot，如图 3-7 所示。

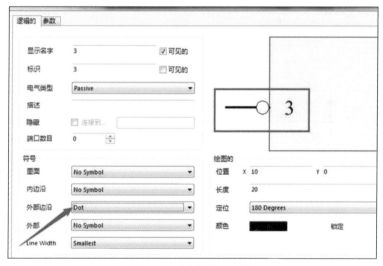

图 3-7　引脚属性对话框

Part A 绘制完成后如图 3-8 所示。

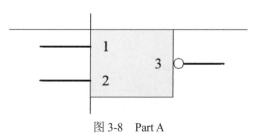

图 3-8　Part A

（4）根据图 3-9 和图 3-10 所示完成对 Part B 和 Part C 的绘制。

图 3-9　Part B

图 3-10　Part C

（5）绘制完成后，单击"编辑"按钮将"名称"修改为 CD4011，如图 3-11 所示。

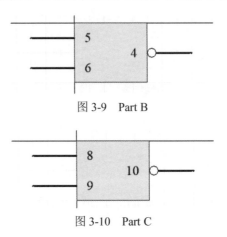

图 3-11　器件属性对话框

3.2.4　三位数码管绘制

（1）在 SCH Library 面板中单击"添加"按钮，在弹出的 New Component Name 对话框中修改"名称"为 shumaguan。

（2）放置大小合适的矩形，然后选择"放置"工具栏中的"线"，放置前按 Tab 键会弹出属性对话框，如图 3-12 所示，在其中可以修改线的属性。画出如图 3-13 所示的三位数码管，最后再放置引脚并修改引脚的名字。

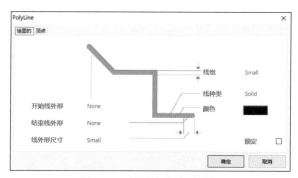

图 3-12 线属性修改对话框

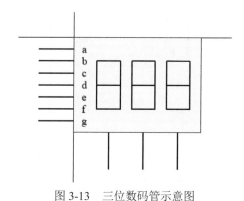

图 3-13 三位数码管示意图

（3）单击"编辑"按钮，将"名称"修改为 shumaguan。

3.2.5 CD4553 芯片和 CD4543 芯片绘制

同理，在"电容测量.SchDoc"文件中添加并绘制出元件 CD4553 和 CD4543，如图 3-14 和图 3-15 所示。

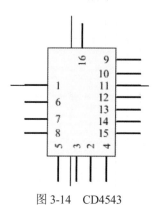

图 3-14 CD4543

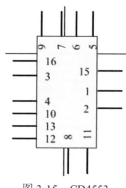

图 3-15 CD4553

3.2.6　PCB 器件向导——NE556 封装设计

（1）在工程文件夹下添加新的 PCB Library 文件，右击"电容测量.PrjPcb"并选择"给工程添加新的"→PCB Library 选项，将新建的封装图库另存为"电容测量 pcb 库"，然后单击进入原理图库界面，完成后保存为"测量电容 pcb 库"。

（2）查阅 NE556 芯片参数，参考数据如图 3-16 所示。由芯片手册提供的数据设置 PCB 器件参数。在后续实验中会详细讲解如何阅读芯片手册。

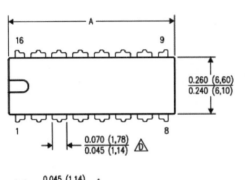

DIM	PINS **	14	16	18	20
A	MAX	0.775 (19,69)	0.775 (19,69)	0.920 (23,37)	1.060 (26,92)
A	MIN	0.745 (18,92)	0.745 (18,92)	0.850 (21,59)	0.940 (23,88)
MS-001 VARIATION		AA	BB	AC	AD

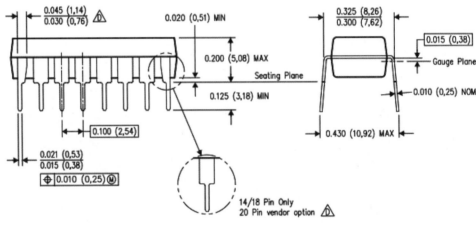

图 3-16　　NE556 芯片参数

（3）单击主菜单栏中的"工具"→"元器件向导"命令进入元件封装向导界面。

（4）设置元件封装类型、焊盘大小、焊盘间距、外框宽度、焊盘数目等参数并对元件进行命名，最后单击"结束"按钮，参考设置参数如图 3-17 至图 3-20 所示。完成元件向导设置后保存该文件。

图 3-17　器件向导及器件图案选择

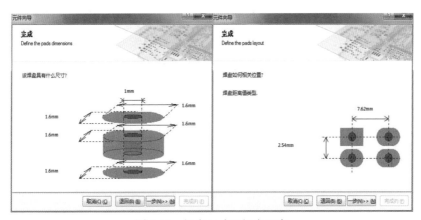

图 3-18　焊盘尺寸及焊盘距离

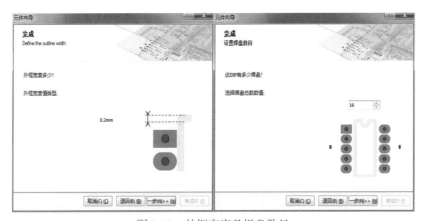

图 3-19　外框宽度及焊盘数目

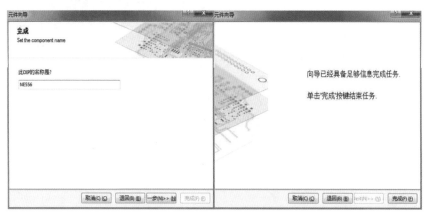

图 3-20　元件名称及任务结束框

（5）打开"电容测量.SchLib"文件，再切换到 SCH Library 界面，选择 NE556 并单击"编辑"按钮，弹出"属性编辑"对话框，单击 Add 按钮为元件添加封装，在弹出的"添加封装类型"对话框中选择 Footprint，在弹出的"PCB 模型"对话框中单击"浏览"按钮，如图 3-21 所示。选择"测量电容 pcb 库"，找到之前所画的 NE556 封装，确定后立即单击 PinMap 按钮核对引脚是否一一对应，如图 3-22 和图 3-23 所示。

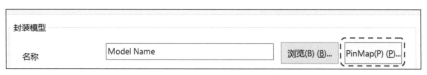

图 3-21　浏览封装模型库

图 3-22　浏览库中的元件封装

（6）NE556 添加封装后，在 SCHLibrary 面板中单击"放置"按钮（如图 3-24 所示）分别将 Part A 与 Part B 放置到"电容测量.SchDoc"文件中。

图 3-23　检查引脚

图 3-24　SCH Library 面板

3.2.7　PCB 器件向导——三位数码管封装设计

三位数码管元器件参考数据如图 3-25 所示。

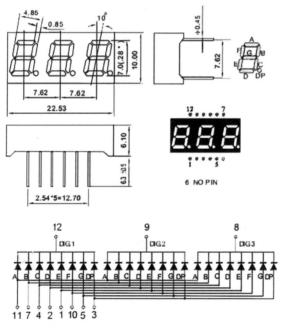

图 3-25　三位数码管元器件参考数据

（1）切换到"电容测量 pcb 库.PcbLib"文件，在主菜单栏中选择"工具"→ "新的空元件"命令在 PCB Library 中新建一个空元件。双击空元件修改元件名，如图 3-26 所示，然后将光标移动到该文件界面的空白处连按两下字母键 G，会弹出设置栅格尺寸的对话框，将其设置为 10mm，如图 3-27 所示。注意，按下字母键 G 时输入状态应为英文模式输入。

图 3-26   新建空元件   图 3-27   设置栅格大小

（2）在编辑界面下方找到 Top Overlay（如图 3-28 所示）并单击进入丝印层，在工具栏中单击"放置走线"，在放置状态时按 Tab 键会弹出"设置线宽"对话框，将线宽改为 0.5mm。

图 3-28   Top Overlay

（3）在该文件中绘制一个 30*10 的矩形框，如图 3-29 所示，选中最左边的线，然后按字母键 M，选择"通过 X,Y 移动选择"（如图 3-30 所示），修改"X 偏移量"为 7.47mm 后单击"确定"按钮，如图 3-31 和图 3-32 所示。再将栅格大小改为 0.01mm，选中需要修改长度的走线，鼠标拖动收缩多余的线长，如图 3-33 所示。完成后在选中走线的状态下按 Ctrl+M 组合键可测量线长。

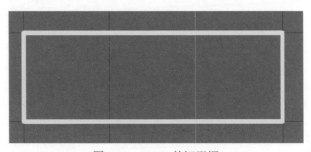

图 3-29   30*10 的矩形框

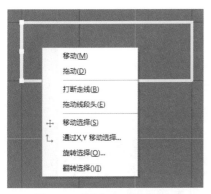

图 3-30 通过 X,Y 移动选择

图 3-31 偏移量设置

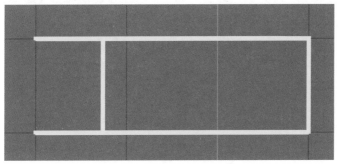

图 3-32 移动后的矩形框

图 3-33 鼠标移动收缩多余的走线

（4）在快捷工具栏中单击"放置焊盘"，如图 3-34 所示。在放置状态下按 Tab 键或者双击放置的焊盘，会弹出焊盘属性设置对话框。按照图 3-35 所示修改焊盘的尺寸、外形和标识。注意，设置标识时请根据前面给出的封装参考数据中对管脚的阐述进行正确编号，如图 3-36 所示，左下角第一个焊盘在封装参考数据中对应标识为 e。以此类推，第二个焊盘标识为 d。

图 3-34　放置焊盘

图 3-35　焊盘属性设置

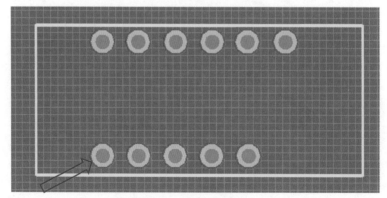

图 3-36　三位数码管封装

（5）切换到"电容测量.SchLib"，为绘制的三位数码管元件添加该封装。

（6）单击"放置"按钮，将三位数码管放置到"电容测量.SchDoc"中。

3.2.8　PCB 器件向导——CD4543 芯片封装设计

CD4543 封装参考数据如图 3-37 所示。

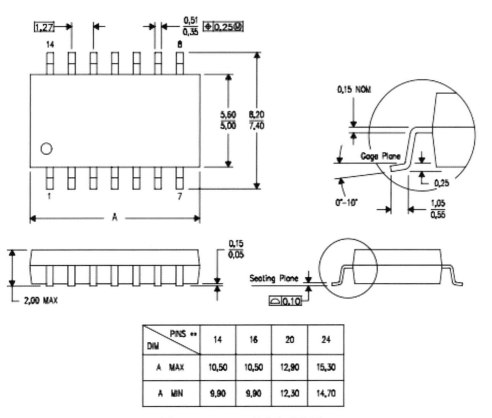

PINS ** DIM	14	16	20	24
A　MAX	10.50	10.50	12.90	15.30
A　MIN	9.90	9.90	12.30	14.70

图 3-37　CD4543 封装参考数据

（1）在主菜单栏中选择"工具"→"元器件向导"命令进入元件封装向导界面。

（2）设置元件类型为 Small Outline Packages（SOP），长度单位为 mm，焊盘尺寸为 1.5mm*0.45mm，焊盘间距为 5.8mm*0.65mm，外边框宽度为 0.2mm，焊盘数量为 16，定义封装名称为 CD4543，元件向导生成的 CD4543 贴片型封装如图 3-38 所示。

（3）切换到"电容测量.SchLib"，为 CD4543 添加该封装。单击"放置"按钮，将 CD4543 放置到"电容测量.SchDoc"中。

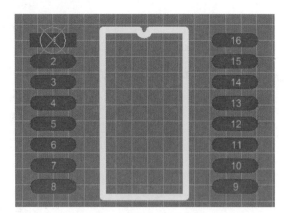

图 3-38　CD4543 贴片型封装

（4）CD4553 和 CD4011 封装的绘制同理，值得注意的是 CD4553 与 CD4011 选用的是 DIP 型即直插式封装，在元器件向导中选择类型时要选择 DualIn-linePackages（DIP）。其余参数参考 NE556 封装过程，注意焊盘的数量。元件向导生成的 CD4553 封装如图 3-39 所示，CD4011 封装如图 3-40 所示。完成后分别为元件添加封装并放置到原理图界面中。

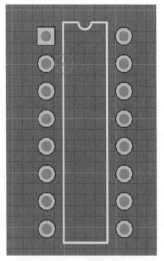

图 3-39　CD4553 封装

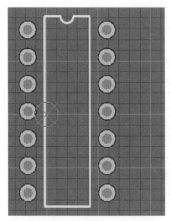

图 3-40　CD4011 封装

3.2.9　电容测量仪线路设计

（1）在元器件库中调选所需元件并放置，修改属性和名称，在修改过程中应避免出现元件重名的现象，元件名称下如出现红色波浪状线条即说明元件名称出现了重复，请及时修改。

（2）如需批量对标号进行修改，可使用系统提供的自动注解来实现：在主菜单栏中选择"工具"→"注解"命令（如图 3-41 所示），在弹出的"注解"对话框中对元件进行编号。设置"处理顺序"为 Across Then Down，匹配参数采用系统的默认设置，"注释范围"为 All。单击"更新更改列表"按钮，弹出 Information 对话框提示要修改的标号数，单击 OK 按钮，如图 3-42 所示。

图 3-41　修改标号的菜单操作　　　　　　　图 3-42　变化提示框

（3）系统将按设置的放置对标号进行更新并显示在"提议更改列表"中，如图 3-43 所示，同时"注释"对话框右下角的"接受更改（EOC）"按钮激活，单击它，弹出"工程更改顺序"对话框，在其中单击"生效修改"按钮检测修改是否正确，如无误则单击"执行更改"按钮，如图 3-44 所示。完成后单击"关闭"按钮。

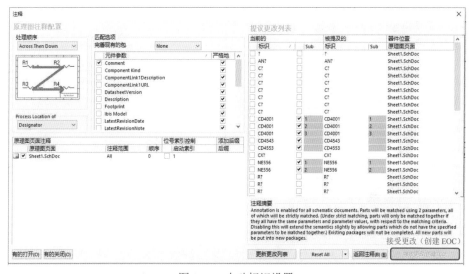

图 3-43　自动标识设置

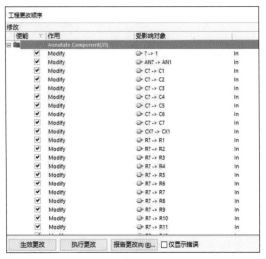

图 3-44   "工程更改顺序"对话框

（4）可运用软件自带的排布工具对元件进行排布，用鼠标选中 R11～R17 电阻，右击并选择"对齐"→"右对齐"选项，再右击并选择"对齐"→"垂直分布"选项，如图 3-45 所示，单击可取消元件的选取状态。请合理运用指令对元件进行排布，使其美观整洁，如图 3-46 所示。

图 3-45   对齐设置

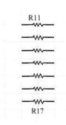

图 3-46   排列显示

（5）元件的简单复制与粘贴：选中元件后，可使用组合键 Ctrl+C 进行复制，Ctrl+V 进行粘贴。

（6）回到原理图文件，在主菜单栏中选择"工具"→"封装管理器"命令，在弹出的封装管理器中核对元器件封装，如图 3-47 和图 3-48 所示。

（7）根据电路原理图完成导线的连接，然后选择"工程"→"CompileDocument 电容测量.SchDoc"命令对绘制的原理图进行编译，单击右下角的 System 并选择 Messages 来查看编译结果。在弹出的 Messages 对话框中，如出现错误根据提示位置进行修改，直到没有错误为止。

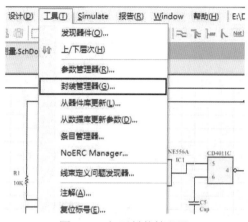

图 3-47　打开封装管理器

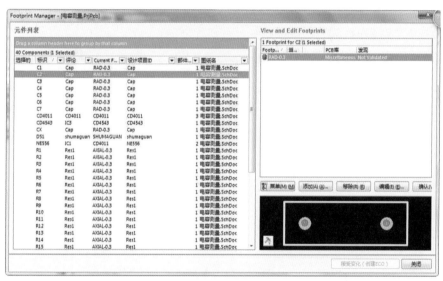

图 3-48　核对封装

3.3　PCB 版图绘制

3.3.1　电容测量仪 PCB 元件布局

（1）通过 PCB Board Wizard 新建一个 PCB 文件并保存为"电容测量"。

（2）将编译完成的原理图更新到新建的 PCB 文件中并合理地摆放各元件，如图 3-49 所示。

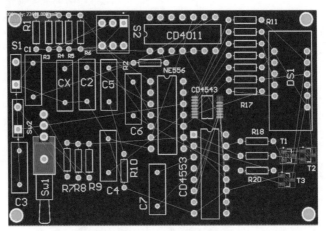

图 3-49　PCB 元件摆放图

3.3.2　设置布线规则之双面布线

（1）单击"自动布线"，弹出"Situs 布线策略"对话框，如图 3-50 所示。单击 RoutingWidths，弹出设置布线宽度对话框，修改线宽，如图 3-51 所示。自动布线完成后如图 3-52 所示。

图 3-50　"Situs 布线策略"对话框

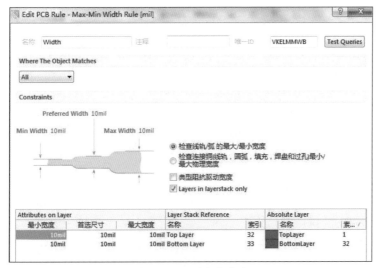

图 3-51　设置布线宽度

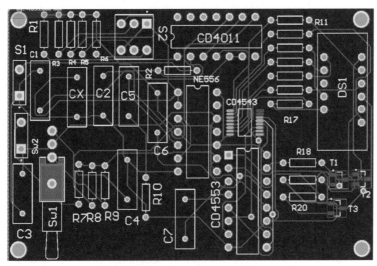

图 3-52　自动布线结果

（2）在主菜单栏中选择"工具"→"设计规则检查"命令，在弹出对话框的左下角单击"运行 DRC"按钮，如出现错误，系统会弹出 Messages 对话框，其中会列出所有违反规则的信息项，同时在 PCB 电路图中以绿色标志标出不合规则的位置，完成错误修改后再重新运行 DRC 检查，直至没有错误为止。

（3）在电路图底层切换到 Keep-Out Layer，单击工具栏中的"放置"→"走线"，利用走线绘制 PCB 板的外边框，如图 3-53 所示。

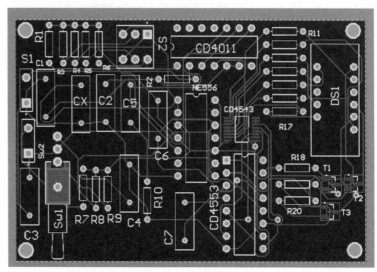

图 3-53　绘制外边框

（4）按住鼠标左键拖动选中整个 PCB 图，在主菜单栏中选择"设计"→"板子形状"→"按照选择对象定义"命令，如图 3-54 所示。

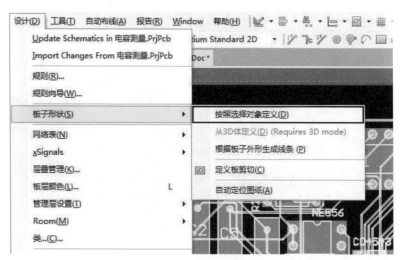

图 3-54　定义板子形状

3.3.3　PCB 电路图三维显示及元件报表生成

（1）在主菜单栏中选择"察看"→"切换到 3 维显示"命令生成三维图，如图 3-55 和图 3-56 所示。

图 3-55 切换到三维显示

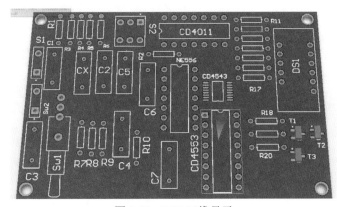

图 3-56 PCB 三维显示

（2）在主菜单栏中选择"报告"→Bill of Materials 命令，弹出 Bill of Materials For PCB Document 对话框，如图 3-57 和图 3-58 所示。单击左下角的"菜单"按钮，在下拉列表中选择"报告"选项，弹出"报告预览"对话框，如图 3-59 和图 3-60 所示。

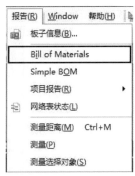

图 3-57 选择 Bill of Materials 命令

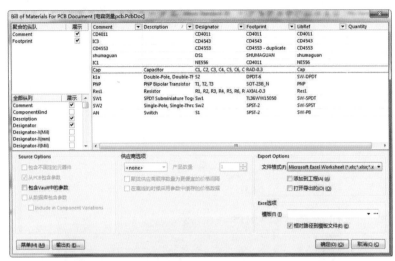

图 3-58　Bill of Materials For PCB Document 对话框

图 3-59　生成报告

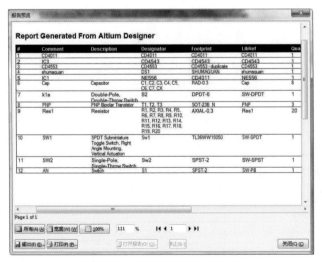

图 3-60　"报告预览"对话框

（3）保存整个工程。

第4章　红外遥控转发器

4.1　红外遥控转发器介绍及工作原理

红外遥控转发器，就是把射频信号转换为红外信号来控制电器，射频信号可以穿墙，红外信号是不能穿墙的，这就能实现远距离控制电器。

其工作原理图如图 4-1 至图 4-3 所示。

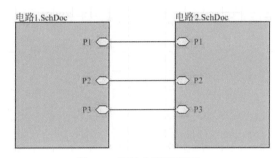

图 4-1　层次电路原理图

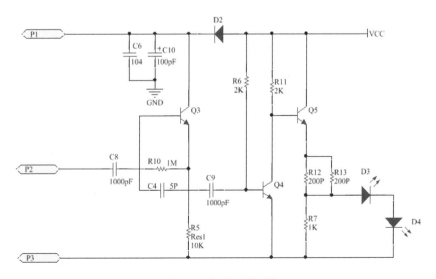

图 4-2　电路 1 原理图

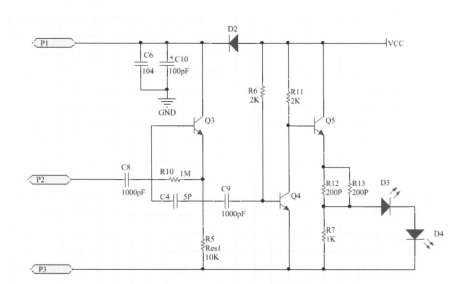

图 4-3　电路 2 原理图

　　层次原理图的设计是一种模块化、自顶向下的设计方法，把整个项目的原理图用若干个子图来表示，若干个子图也就对应整个电路的多个模块，分别绘制在多张图纸中。例如在本电路中就将红外遥控转发器电路分为两个模块，用两个子图分别绘制两个模块。这样的做法使得整个电路的各个部分或功能模块显示得更加清晰，绘制、修改也只需对某个模块进行操作，这给后续修改完善电路提供了清晰的思路，同时还可以实现对同一个模块的重复调用，大大方便了设计工作。

4.2　原理图绘制

4.2.1　层次电路绘制

　　（1）打开 Altium Designer，选择"文件"→New→Projects 命令，新建一个名为"红外遥控转发器"的工程文件并保存。

　　（2）右击"电容测量.PrjPcb"并选择"给工程添加新的"→Schematic 选项，系统随即在该 PCB 工程中新建一个名为 Sheet1.SchDoc 的空白原理图文件。在 Sheet1.SchDoc 上右击并选择"保存为"选项，将其另存为"红外顶层"文件。

　　（3）打开新建的原理图文件，选择"放置"→"图表符"命令，在该命令状态下按 Tab 键，设置修改参数，将名称修改为"电路 1"，同理放置一个名称为"电路 2"的图表符，如图 4-4 至图 4-6 所示。

图 4-4　放置图表符

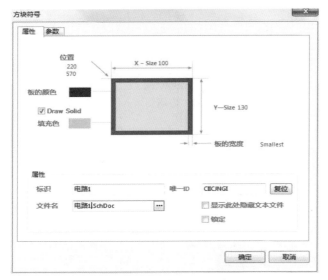

图 4-5　图标符设置对话框

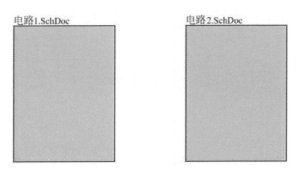

图 4-6　放置两个图标符

（4）选择"放置"→"添加图纸入口"命令（如图 4-7 所示），将入口放在图表符上，双击图纸入口，修改入口名称为 P1，"I/O 类型"选择 Bidirectional，单击"确定"按钮，如图 4-8 所示。同理放置图纸入口 P2 和 P3，如图 4-9 所示。

图 4-7　添加图纸入口

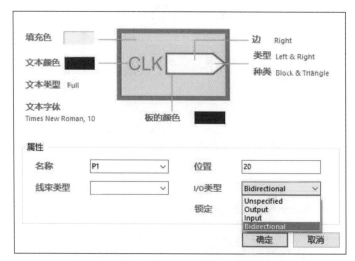

图 4-8　图纸入口设置对话框

（5）用导线将电路 1 的 P1、P2 和 P3 端分别与电路 2 的 P1、P2 和 P3 端相连，如图 4-10 所示。

（6）选择"设计"→"产生图纸"命令（如图 4-11 所示），然后单击"电路 1"（如图 4-12 所示），生成新的子原理图文档，如图 4-13 所示。

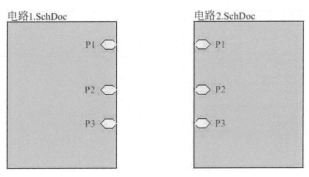

图 4-9 添加图纸入口完成

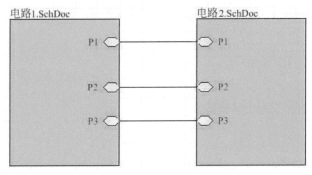

图 4-10 连接电路

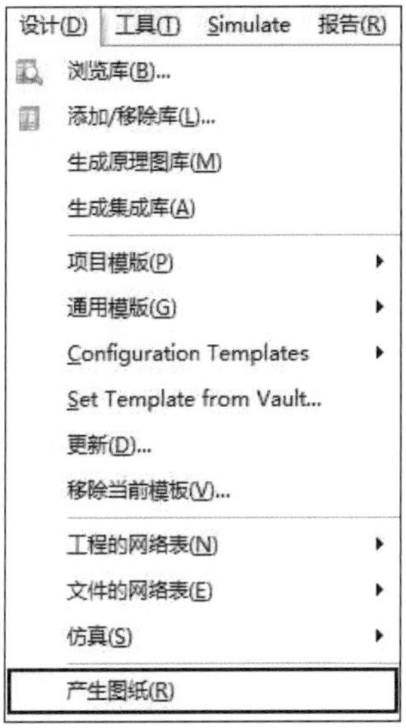

设计(D) 工具(T) Simulate 报告(R)

浏览库(B)...
添加/移除库(L)...
生成原理图库(M)
生成集成库(A)

项目模版(P) ▶
通用模版(G) ▶
Configuration Templates ▶
Set Template from Vault...
更新(D)...
移除当前模版(V)...

工程的网络表(N) ▶
文件的网络表(E) ▶
仿真(S) ▶

产生图纸(R)

图 4-11 产生图纸

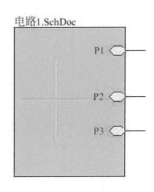

图 4-12 单击电路 1 图表符

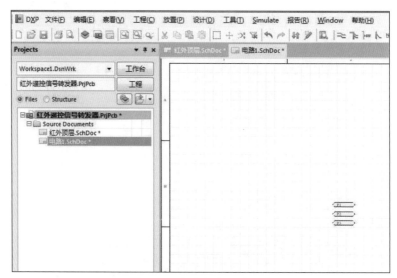

图 4-13　产生电路 1 原理图

4.2.2　红外遥控转发器线路设计

（1）根据电路原理图在元件库中找到相应的元件，修改元件的属性并合理地放置元件，如图 4-14 所示。GND 端口可在工具栏中找到，如图 4-15 所示。

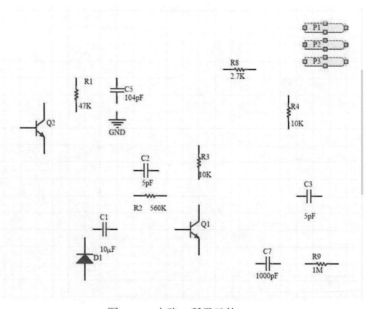

图 4-14　电路 1 所需元件

图 4-15 工具栏中的 GND 端口

（2）按照电路图连接导线，如图 4-16 所示。

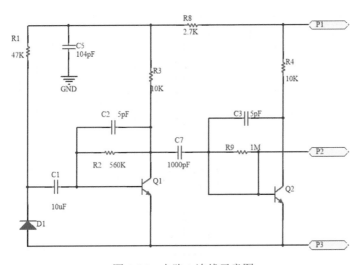

图 4-16 电路 1 连线示意图

（3）回到"红外顶层.SchDoc"原理图中，选择"设计"→"产生图纸"命令，然后单击"电路 2"，生成新的子原理图文档。重复上述操作，其中 D3 和 D4 是发光二极管，VCC 端口可在工具栏中找到，如图 4-17 所示。完成电路图 2 的绘制和导线连接，如图 4-18 所示。

图 4-17 工具栏中的 VCC 电源端口

（4）上下层次转换：回到"红外顶层.SchDoc"原理图中，选择"工具"→"上/下层次"命令，将十字标号放到电路 1 的图表符上，单击会自动跳转到电路 1 的原理图。同理电路 2 亦是如此。

（5）对原理图电路进行编译，查看是否有错误。

（6）查看封装管理：选择"工具"→"封装管理器"命令（如图 4-19 所示），弹出"封装管理器"对话框，其中有元件列表和对应的封装，如图 4-20 所示。

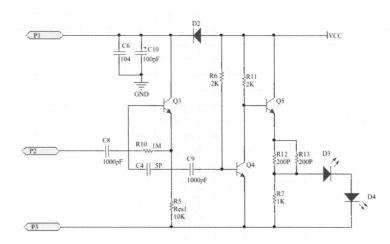

图 4-18   电路 2 连线示意图

图 4-19   封装管理菜单操作

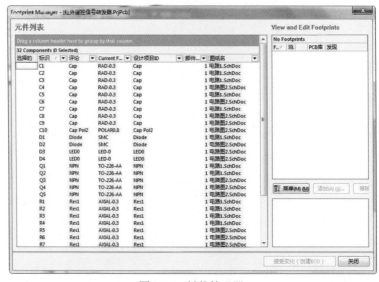

图 4-20   封装管理器

（7）选择"报告"→Bill of Materials 命令（如图 4-21 所示），弹出元器件报表
对话框（如图 4-22 所示），单击左下角的"菜单"按钮，在下拉列表中选择"报告"
选项生成报告预览，如图 4-23 所示。

图 4-21 生成报告菜单操作

图 4-22 "元器件报表"对话框

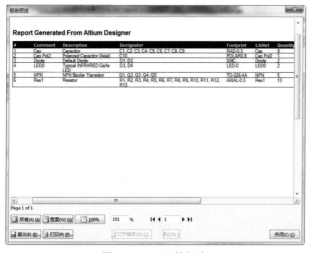

图 4-23 元器件报表

4.3   PCB 版图绘制

4.3.1   红外遥控转发器 PCB 元件布局

（1）选择"文件"→PCB Board Wizards 命令新建一个 PCB 文件，然后将文件保存为"红外遥控 pcb 图"。

（2）返回"红外顶层.SchDoc"原理图，选择"设计"→"Update PCB Document 红外遥控 pcb 图.PcbDoc"命令将原理图更新到"红外遥控 pcb 图"文件中，更新完成后如图 4-24 所示。

图 4-24   导入原理图

（3）按照原理图的电路顺序摆放器件，如图 4-25 所示。

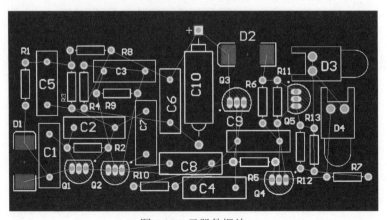

图 4-25   元器件摆放

（4）在 PCB 编辑环境下方的图层栏中切换到 Keep-Out Layer，然后选择"放置"→"走线"命令，如图 4-26 所示。

图 4-26　放置走线

（5）紧贴元器件绘制外边框并放置走线，如图 4-27 所示。

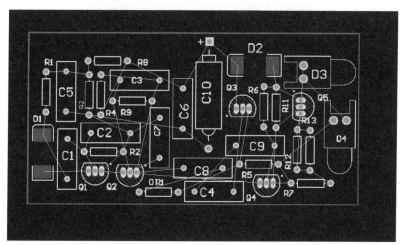

图 4-27　绘制外边框

（6）选择"放置"→"焊盘"命令，在放置状态下按 Tab 键修改焊盘属性：外形为 Round，焊盘过孔大小及尺寸根据实际情况调整，设置完成后在四角放置，焊盘作为板子的固定孔，如图 4-28 所示。

（7）按标号的大小批量修改元器件：按住 Shift 键不放选中所有需要修改的标号并双击，弹出 PCB Inspector 对话框，在其中修改高度和宽度，如图 4-29 和图 4-30 所示。

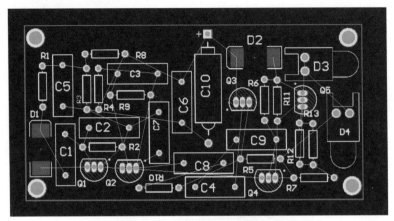

图 4-28　放置焊盘作为固定孔

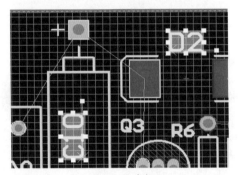

图 4-29　选中标号

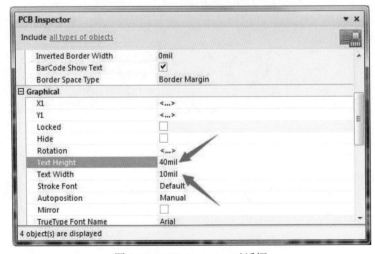

图 4-30　PCB Inspector 对话框

（8）右击并拖动鼠标选中整个 PCB 图，然后选择"设计"→"板子形状"→
"按照选择对象定义"命令（如图 4-31 所示），设置板子形状，结果如图 4-32 所示。

图 4-31　设置板子形状的菜单操作

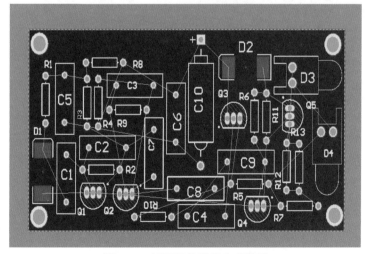

图 4-32　板子形状设置完成效果

（9）切换到三维模式查看：选择"察看"→"切换到 3 维显示"命令，按住
Shift 键和鼠标右键移动鼠标即可查看三维状态下的 PCB 板，如图 4-33 所示。

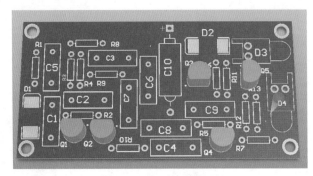

图 4-33　PCB 三维显示

4.3.2　设置布线规则

（1）元件摆放完成后，对 PCB 文件进行自动布线并设置合理的线宽，自动布线效果如图 4-34 所示。

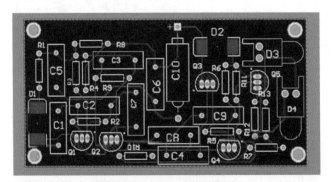

图 4-34　自动布线效果

（2）对布线后的 PCB 文件进行设计规则检查：选择"工具"→"设计规则检查"命令，弹出"设计规则检测"对话框，单击左下角的"运行 DRC"按钮查看检查结果，如图 4-35 至图 4-37 所示。

图 4-35　进行设计规则检查的菜单操作

图 4-36　运行 DRC

Warnings:　　0
Rule Violations:　46

图 4-37　检查结果

（3）查看规则违反细则，如图 4-38 所示。

Rule Violations	Count
Modified Polygon (Allow modified: No). (Allow shelved: No)	0
Net Antennae (Tolerance=0mil) (All)	1
Silk to Silk (Clearance=10mil) (All).(All)	4
Silk To Solder Mask (Clearance=10mil) (IsPad).(All)	26
Minimum Solder Mask Sliver (Gap=10mil) (All).(All)	10
Hole To Hole Clearance (Gap=10mil) (All).(All)	0

图 4-38　具体违反规则

（4）改正错误。

错误一：两个丝印层之间的距离小于规定的 10mil。移动丝印层标号使其距离大于 10mil，如图 4-39 和图 4-40 所示。

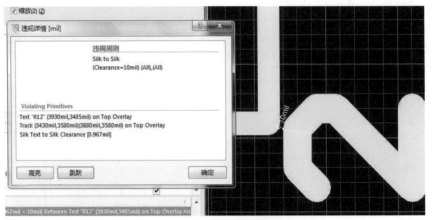

图 4-39　修改违反规则

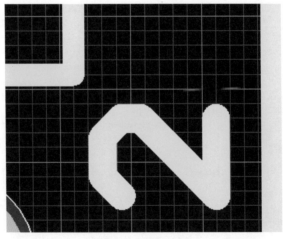

图 4-40　修改完成

错误二：丝印层和阻焊层之间间隔为 9.419mill，小于规定的 10mil。可以修改规则，如图 4-41 所示。选择"设计"→"规则"命令，弹出"PCB 规则及约束编辑器"对话框，在左侧窗格中选择 Manufacturing→Silk To Solder Mask Clearance→SilkToSolderMaskClearance 将丝印层和阻焊层之间的间距规则修改为 8mil，选择 Manufacturing→Minimum Solder Mask Sliver→MinimumSolderMaskSliver 将最小阻焊层之间的距离修改为 2mil，如图 4-42 至图 4-44 所示。

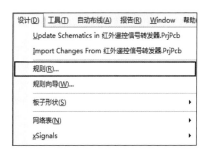

图 4-41 违规详情   图 4-42 设计规则

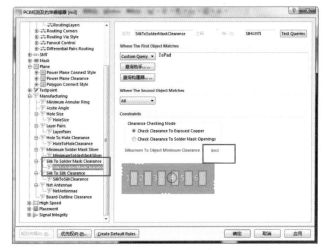

图 4-43 "PCB 规则及约束编辑器"对话框

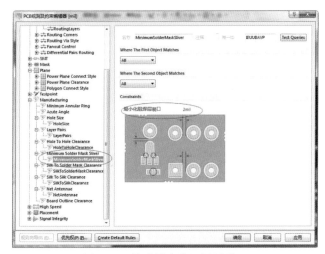

图 4-44 修改最小化阻焊层裂口

（5）重复步骤（3）的操作再次检查，直到没有错误为止，如图 4-45 所示。

图 4-45　违反规则修改完成

（6）保存工程文件。

第5章 八位数模转换器

5.1 八位数模转换器介绍

八位数模转化器（ADC0809）全称为八位逐次逼近 A/D 模数转换器，其内部有一个 8 通道多路开关，它可以根据地址码锁存译码后的信号，只选通 8 路模拟输入信号中的一个进行 A/D 转换。具体电路原理图如图 5-1 所示。

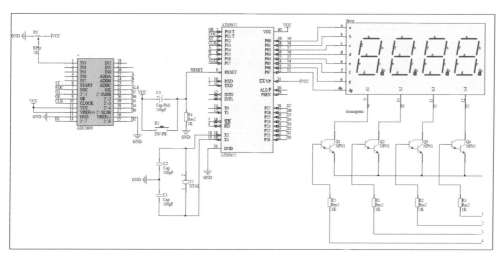

图 5-1 八位数模转换器电路原理图

5.2 ADC0809 芯片手册详解

我们需要从芯片手册中来获取 ADC0809 芯片的特性、内部结构、工作原理，以及如何进行外部扩展。

5.2.1 内部结构图

芯片手册中 ADC0809 芯片的内部结构图如图 5-2 所示。

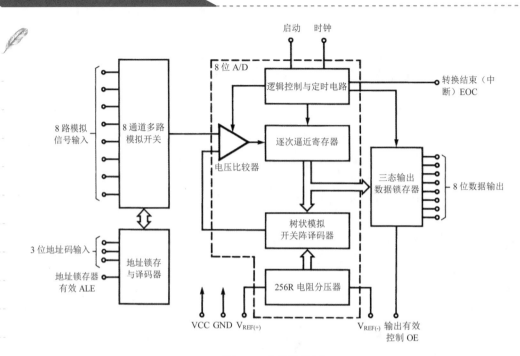

图 5-2　内部结构图

图中多路开关可选通 8 个模拟通道，允许 8 路模拟量分时输入，共用一个 A/D 转换器进行转换。地址锁存与译码电路完成对 A、B、C 三个地址位进行锁存和译码，其译码输出用于通道选择，其转换结果通过三态输出锁存器存放、输出，因此可以直接与系统总线相连。

5.2.2　芯片手册引脚图

芯片手册中 ADC0809 芯片的引脚图如图 5-3 所示。

引脚功能如下：

IN0～IN7：8 路模拟量输入端。

2^{-1}～2^{-8}：八位数字量输出端。

ADD A、ADD B、ADD C：三位地址输入线，用于选通 8 路模拟量输入中的一路。

ALE：地址锁存器允许信号，输入高电平有效

START：A/D 转换启动脉冲输入端，输入一个正脉冲（至少 100ns 宽）使其启动。

EOC：A/D 转换结束信号，输出，A/D 转换结束此端输出一个高电平（转换期间一直为低电平）。

OE：数据输出允许信号，输入，高电平有效。当 A/D 转换结束时，此端输入一个高电平才能打开输出三态门。

CLK：时钟脉冲输入端。要求时钟频率不高于 640kHz。

$V_{REF(+)}$、$V_{REF(-)}$：基准电压。

VCC：电源，+5V。

GND：地。

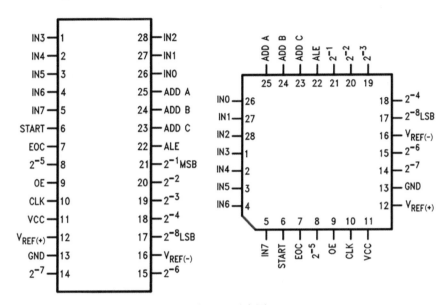

图 5-3　引脚图

由此可以绘制出 ADC0809 芯片元件，如图 5-4 所示。

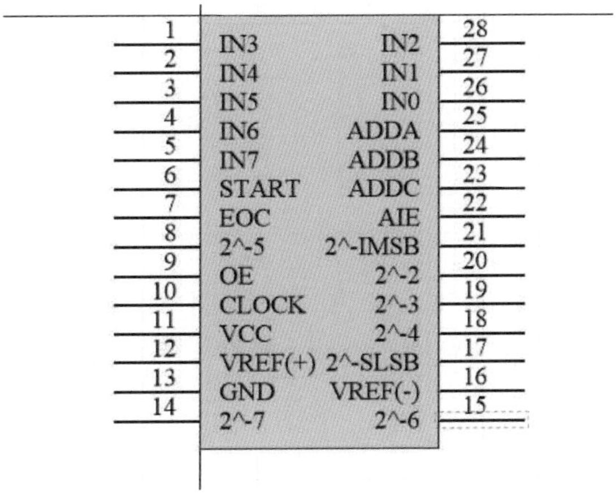

图 5-4　ADC0809 元件绘制

5.2.3 芯片尺寸封装数据

前面 NE556 芯片和三位数码管中多次用到了芯片手册中的芯片尺寸封装数据，这里以 ADC0809 的封装数据为例进行详细讲解，如图 5-5 所示。

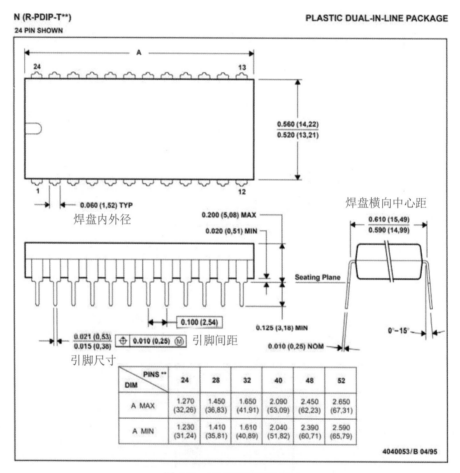

图 5-5 ADC0809 芯片尺寸

（1）从图中可以看出这是 DIP 系列，在器件图案中选择 DIP，芯片所标识的单位为 mm，这里我们选择 mm。图中数字括号里的单位为毫米，括号外的单位为英寸，如图 5-6 所示。设置完成后单击"下一步"按钮。

（2）根据手册设置焊盘内径和外径，引脚尺寸为 0.53mm，但是为了考虑余量，内径一般比手册中大 0.4～0.5mm，内径设置为 1mm，外径设置为 1.52mm，如图 5-7 所示。

图 5-6　器件图案及单位

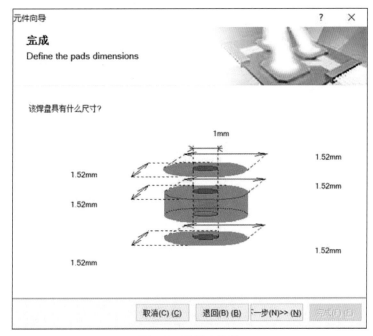

图 5-7　焊盘内外径

（3）ADC0809 芯片焊盘的横向中心距离为 15.49mm，这里我们填入 15.5mm，根据图中的引脚间距，这里我们填入引脚间距为 2.54mm，如图 5-8 所示。设置完成后单击"下一步"按钮。

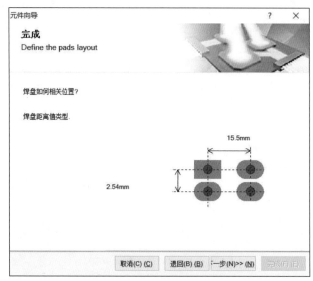

图 5-8　焊盘中心距及引脚间距

（4）元件外形丝印使用默认值，不需要修改，如图 5-9 所示。

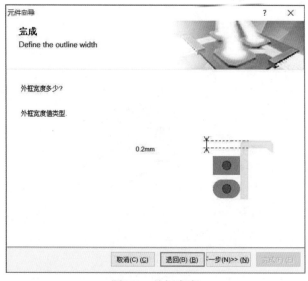

图 5-9　外框宽度

（5）将焊盘数目设置为 28，如图 5-10 所示。

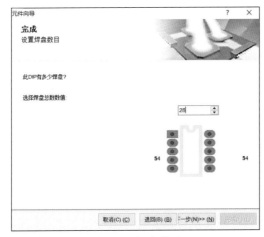

图 5-10　焊盘数目

（6）设置名称为 ADC0809，芯片封装设置完成。

5.2.4　芯片使用扩展

（1）OE（数据输入允许信号，高电平有效）、EOC（转换结束信号，转换结束时输出高电平，之前为低电平）、ST（上升沿即高电平使 ADC0809 复位，转换启动脉冲输入端，下降沿即低电平启动 AD 转换）、CLK（时钟脉冲输入端）、A/B/C（三位地址）、ALE（高电平有效），如图 5-11 所示。显然要同时满足以上条件需要使用或非门和非门来完成。在 51 单片机中有多个可编程的 I/O 口，由此拓展将 51 单片机与 ADC0809 芯片结合来完成以上系统初始化。

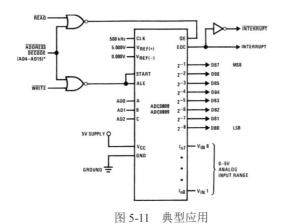

图 5-11　典型应用

（2）将引脚与单片机的 P1 口相连，对芯片作初始化，如图 5-12 所示。

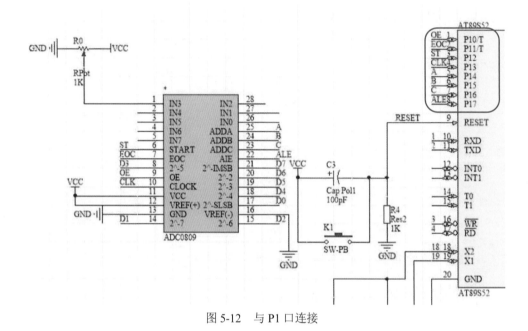

图 5-12　与 P1 口连接

（3）将 ADC0809 转换完成的 8 位数字量与 P2 口相连，如图 5-13 所示。

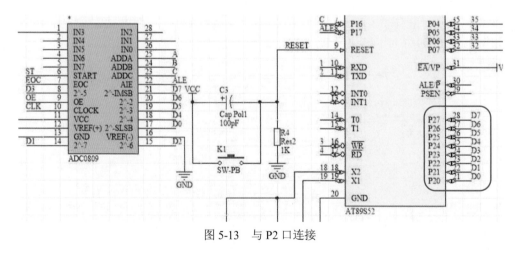

图 5-13　与 P2 口连接

（4）模拟信号的输入由滑动变阻器提供，如图 5-14 所示。

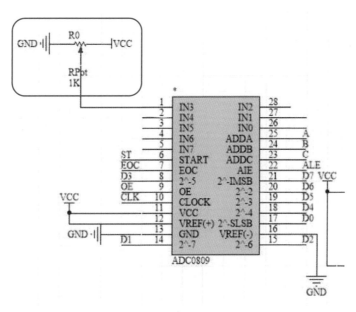

图 5-14　模拟信号输入

（5）时钟电路与复位电路，如图 5-15 所示。

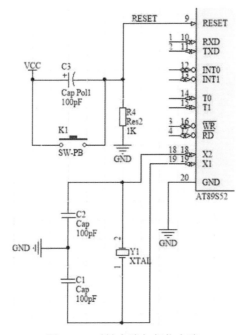

图 5-15　时钟电路与复位电路

（6）四位数码管显示模块，由 ADC0809 转换完成的数字量经 P2 口传输至单片机，由 P0 口进行输出端显示出来，如图 5-16 所示。

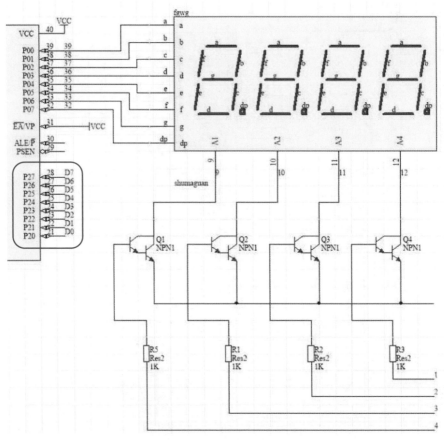

图 5-16   显示模块

5.2.5   ADC0809 工作过程

在芯片手册中还可以查阅时序图来获知芯片如何进行工作以及工作时各引脚电平的变化，可用于后续编程。时序图如图 5-17 所示。

输入 3 位地址并使 ALE=1，将地址存入地址锁存器中，随即地址经过译码选通 8 路模拟信号输入之一到达比较器。START 上升沿将逐次逼近寄存器复位，下降沿启动 A/D 转换，之后 EOC 输出信号变低，指示转换正在进行。直到转换完成，EOC 变为高电平，指示 A/D 转换结束，结果数据已存入锁存器中，这个信号可作为中断申请。当 OE 输入高电平时输出三态门打开，转换结果的数字量输出到数据总线上。

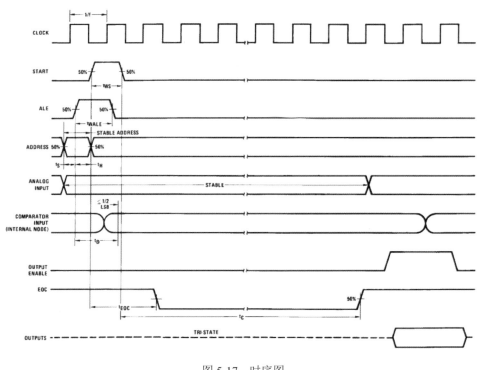

图 5-17　时序图

5.3　原理图绘制

5.3.1　创建项目及文件管理

（1）打开 Altium Designer，新建一个名为 ADC0809 的 PCB 工程并保存。

（2）在 ADC0809.PrjPcb 工程文件下添加一个新的原理图文件，命名为 ADC0809 并保存。

5.3.2　AT89S52 元件绘制及封装

（1）切换到 SCH Library 面板，添加一个新的原理图库并修改名称为 AT89S52。

（2）完成 AT89S52 元件的绘制，如图 5-18 所示。其中特殊引脚符号的设置如图 5-19 至图 5-21 所示。

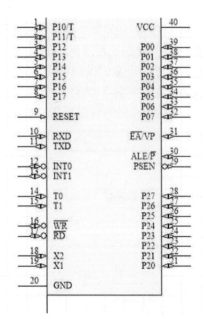

图 5-18　AT89S52 元件绘制

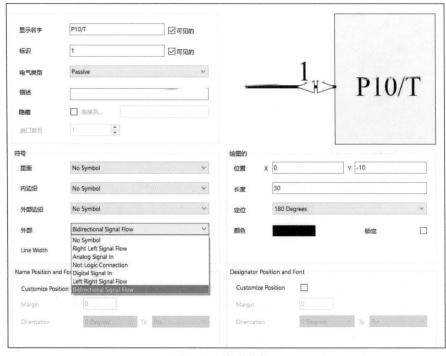

图 5-19　特殊引脚 1

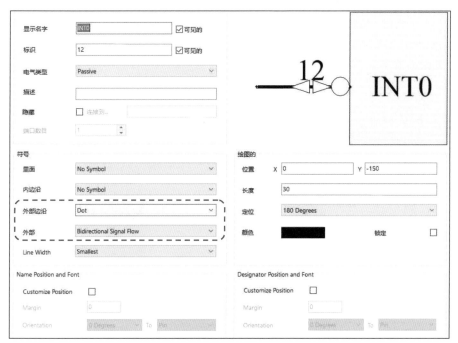

图 5-20　特殊引脚 12

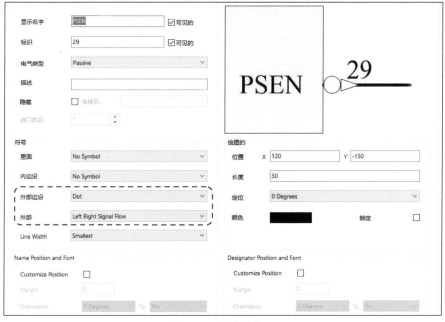

图 5-21　特殊引脚 29

（3）为绘制的 AT89S52 元件添加封装。在封装库中找到 Dual-In-Line-Package.PcbLib 库，选择名为 DIP-40 的封装（如图 5-22 所示），如果没有图中所示的封装库，请自行下载封装库。

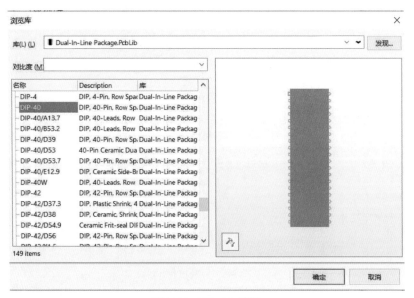

图 5-22　DIP-40 封装

（4）为元件 ADC0809 添加封装，然后将其放置到电路原理图中。

5.3.3　四位数码管元件绘制

（1）切换到 SCH Library 面板，添加一个名为 shumaguan 的原理图库，如图 5-23 所示。

图 5-23　添加 shumaguan 原理图库

（2）根据所给的电路原理图绘制出四位数码管元件。

（3）为了美观，这里我们使用"多边形"进行"8"的绘制，如图 5-24 和图 5-25 所示。

图 5-24 放置多边形

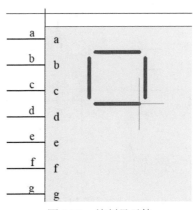

图 5-25 绘制显示管

（4）选中"8"的任意一条线，右击并选择"放置"→"文本字符串"选项（如图 5-26 所示），对线进行编号。

图 5-26 放置文本字符串

数码管绘制完成后的效果如图 5-27 所示。

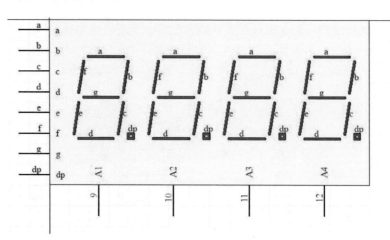

图 5-27　四位数码管

5.3.4　四位数码管封装绘制

数码管引脚图如图 5-28 所示。

图 5-28　数码管引脚图

（1）回到 Projects 面板，新建一个名为 ADC0809.PcbLib 的 PCB 库文件，打开此文件，在主菜单栏中选择"工具"→"新的空元件"命令，修改名称为"四位数码管"，将栅格尺寸设置为 1mm，绘制一个 50*19（mm）的矩形框，两个"8"之间距离为 12.5（mm）。同方向焊盘间距为 2.54（mm），对立焊盘间距为 15.24（mm）。

（2）右击并选择"放置"→"走线"选项，绘制合适大小的矩形框。同样地，在框中间位置用走线画出 4 个"8"用来表示数码管。

（3）右击并选择"放置"→"焊盘"选项，按 Tab 键修改焊盘属性，如图 5-29 所示，注意要将属性栏中的"标识"与图 5-27 中的元件标识相对应。

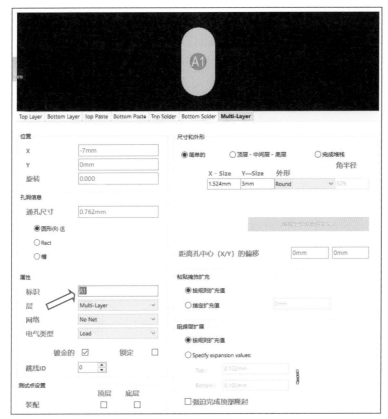

图 5-29　焊盘设置网络标识

（4）走线上的标识设置与元件绘制时一致。选中走线，右击并选择"放置"→"字符串"选项，放置完成后双击即可修改名称，绘制完成后效果如图 5-30 所示。

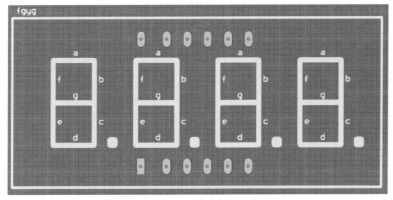

图 5-30　四位数码管封装

（5）将绘制完成的封装添加为数码管的封装，然后将数码管放置到电路原理图中。

5.4 ADC0809 线路设计

八位数模转换器电路以 AT89S52、ADC0809 和四位数码管为主要元器件。

（1）选中 ADC0809.SchDoc 进行电路原理图绘制。

（2）事先需要绘制的元件已经放置到电路原理图中。根据电路原理图在元件库中找到其他需要放置到原理图中的元件，并为其修改编号和名称。

（3）合理地放置各元件，如图 5-31 所示。

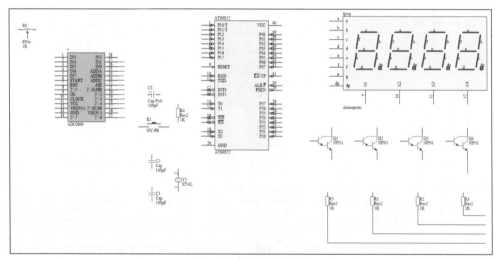

图 5-31 元器件摆放图

（4）进行导线连接，注意图中需要进行网络标号、VCC 和 GND 的放置。在主菜单栏中选择"工具"→"设置网络标号"命令，在相应位置进行放置。同理在工具栏中选择"GND 端口"和"VCC 电源端口"，如图 5-32 和图 5-33 所示。

（5）对电路原理图进行编译，检查电路有无错误。如有错误，对错误进行修改。

（6）通过 PCB Board Wizard 进行 PCB 板属性设置，具体参数参考第 2 章，完成后将 PCB 文件保存为 ADC0809。

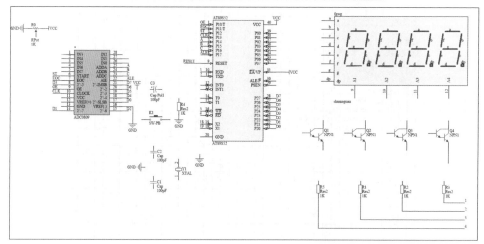

图 5-32 放置网络标号、VCC 和 GND

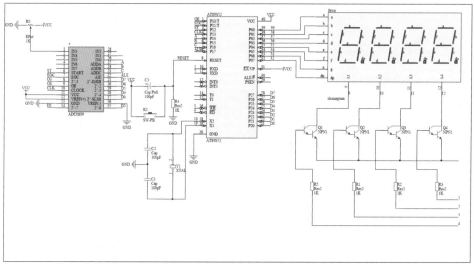

图 5-33 电路图导线连接完成

5.4.1 8 位数模转换器 PCB 元件布局

（1）利用工具中的封装管理器检查原理图中的元件是否都已有相应封装，特别是需要绘制的元件，无误后将绘制的原理图导入 PCB 板中。

（2）对元件进行布局，如图 5-34 所示。

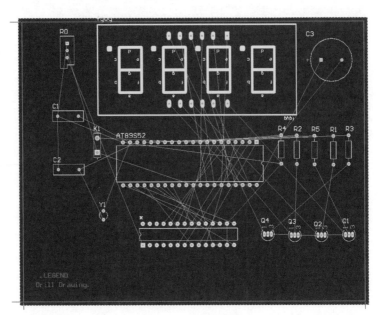

图 5-34　元件布局完成

（3）对 PCB 图进行自动布线并设置线宽，如图 5-35 所示。

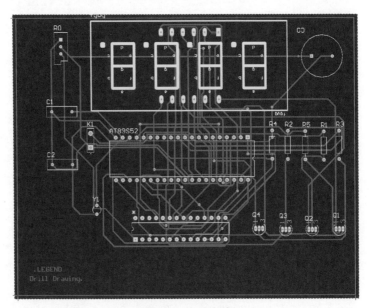

图 5-35　自动布线

5.4.2　手动布局自动布线

（1）待系统布线完成后，查看 Messages 面板中是否存在错误，如图 5-36 所示。如果图中元件呈绿色，则说明违反了布线规则，可参照 4.3.2 节中有关规则的修改进行错误消除。

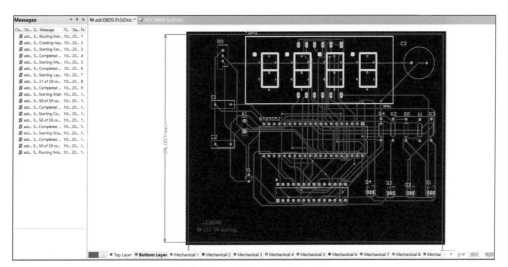

图 5-36　检查是否存在错误

（2）保存工程文件。

第6章 单片机数码显示系统

6.1 单片机最小系统介绍

单片机是一种集成电路芯片，它采用超大规模技术将具有数据处理能力的微处理器（CPU）、存储器（含程序存储器 ROM 和数据存储器 RAM）、输入/输出接口电路（I/O 接口）集成在同一块芯片上，构成一个既小巧又功能完善的计算机硬件系统，在单片机程序的控制下准确、迅速、高效地完成程序设计者事先规定的任务。所以说，一个单片机芯片就具有了组成计算机的全部功能。单片机最小系统，或者称为最小应用系统，是指用最少的元件组成的可以工作的单片机系统。以 51 系列单片机为例，最小系统一般应该包括单片机、晶振电路、复位电路。

单片机数码显示系统的分部具体原理图及总体工作原理图如图 6-1 至图 6-6 所示。

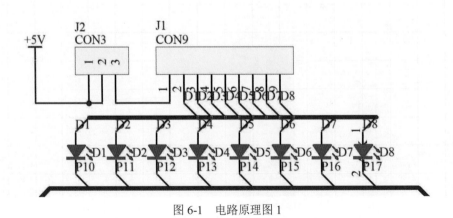

图 6-1 电路原理图 1

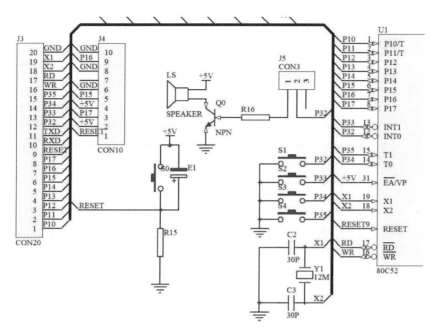

图 6-2　电路原理图 2

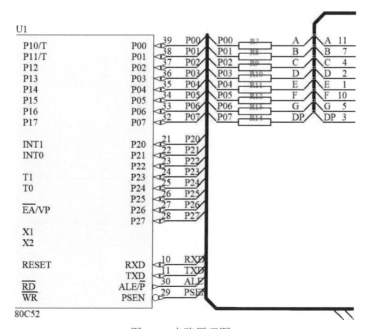

图 6-3　电路原理图 3

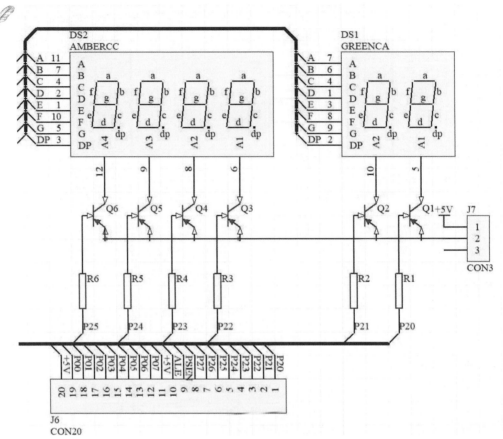

图 6-4   电路原理图 4

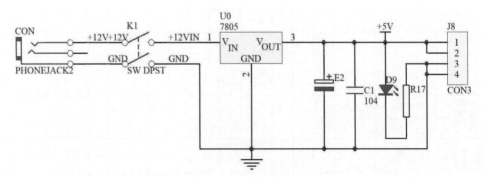

图 6-5   电路原理图 5

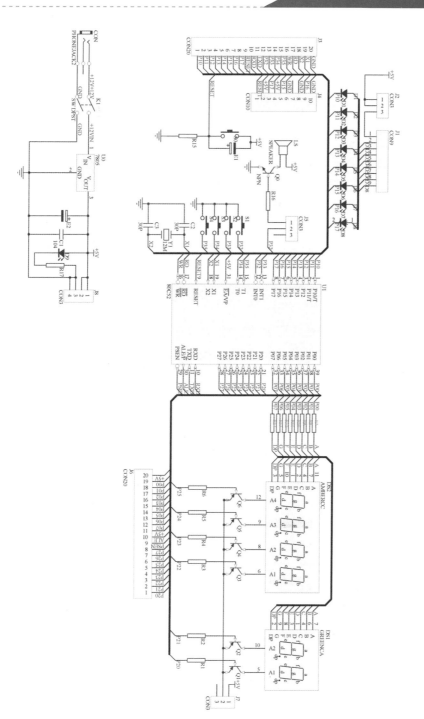

图 6-6 单片机最小系统的工作原理图

6.2 原理图绘制

6.2.1 创建项目及文件管理

（1）打开 Altium Designer，在主菜单栏中选择"文件"→New→Projects 命令，新建一个名为"单片机数码显示系统"的 PCB 工程文件。

（2）右击"单片机数码显示系统.PrjPcb"并选择"给工程添加新的"→Schematic 选项，系统立即在该 PCB 工程中新建一个名为 Sheet1.SchDoc 的空白原理图文件并打开原理图编辑环境。

（3）在 Sheet1.SchDoc 上右击并选择"保存为"选项，将其另存为"单片机数码显示系统"。

（4）修改原理图图纸大小：打开"PCB 板加工.SchDoc"文件，选择"设计"→"文档选项"，弹出"文档选项"对话框，在"标准风格"下拉列表框中将 A4 改为 A3，然后单击"确定"按钮，如图 6-7 所示。

图 6-7　修改图纸大小

6.2.2　单片机最小系统线路设计

（1）放置元件。根据电路原理图在元件库中找到对应的元件，元件库中没有的元件可以通过给工程添加新的 Schematic Library 的方法来绘制，然后为绘制的元件添加 PCB 封装。根据电路原理图合理地放置元件，使用自动注解功能为元件标号。

（2）绘制总线。总线是一组具有相同性质的并行信号线的组合，在大规模的原理图设计，尤其是数字电路的设计中，如果只用导线来完成元件之间的连接，就会使整个原理图杂乱无章，而运用总线可以大大简化原理图，使其变得整洁。具体操作如下：在原理图的空白处右击并选择"放置"→"总线"选项（如图 6-8 所示），或者在工具栏中单击"放置总线"按钮，将鼠标移动到想要放置总线的位置单击确定总线的起点，然后拖动鼠标并单击来确定拐角处和终点，双击总线或者在鼠标处于放置总线的状态时按 Tab 键可打开总线属性设置对话框，如图 6-9 所示。根据电路图绘制总线，绘制完成后右击退出总线的绘制。

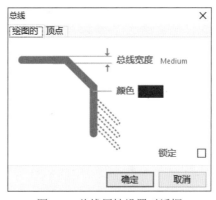

图 6-8　放置总线　　　　　　　　　　图 6-9　总线属性设置对话框

　　注意：在绘制总线时要使总线与元件之间有一定的距离，因为还需要放置总线进口，距离太近的话会影响总线进口的放置。

（3）绘制总线进口。总线进口是单一单线与总线的连接线。虽然可以直接把导线与总线连接，但为了使电路原理图更加清晰美观，通常使用总线进口来连接导线与总线。具体操作如下：在原理图的空白处右击并选择"放置"→"总线进口"选项（如图 6-10 所示），或者在工具栏中单击"放置总线进口"按钮，在导线与总线之间单击即可放置一段总线进口，如图 6-11 所示，在该状态下按空格键可以改变总线进口的方向，双击总线进口或者在鼠标处于放置状态时按 Tab 键可以打开总线进口属性设置对话框。

图 6-10　放置总线入口

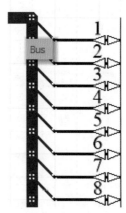

图 6-11　在导线与总线之间放置总线进口

（4）根据具体电路图绘制其余导线。

（5）放置网络标号。网络标号有实际的电气连接意义，具有相同网络标号的导线或元件引脚不管在图上是否连接在一起，其电气关系都是连接在一起的。特别是在需要连接的线路比较远或者线路比较复杂时，通常用网络标号代替实际走线，从而大大简化了电路原理图。具体操作如下：在原理图的空白处右击并选择"放置"→"网络标号"选项（如图 6-12 所示），或者在工具栏中单击"放置网络标号"按钮，在总线进口和导线的连接端单击可放置一个网络标号，右击可退出放置，如图 6-13 所示。双击网络标号或者在鼠标处于放置状态时按 Tab 键可以打开网络标号属性设置对话框，在其中可以修改网络标号的名称，如图 6-14 所示。根据电路原理图放置网络标识并修改成相应的名称。

图 6-12　放置网络标号

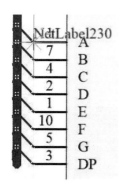

图 6-13　在电路原理图中放置网络标号

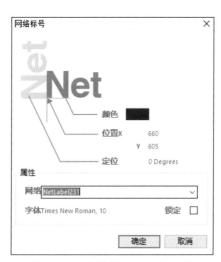

图 6-14　网络标号属性设置对话框

（6）对绘制完成后的原理图进行编译，若有错误，对错误之处进行修改，然后再次进行编译，直到没有错误为止。注意，"Warning"可根据情况忽略，不进行修改。

6.3　PCB 版图设计

6.3.1　原理图导入

（1）新建一个名为"单片机数码显示系统"的 PCB 文件并保存。

（2）回到原理图文件，在主菜单栏中选择"设计"→"Update PCB Document 单片机数码显示系统.PcbDoc"命令将原理图导入，依次单击"生效更改"和"执行修改"按钮，如有错误请根据系统提示对原理图进行修改，如图 6-15 和图 6-16 所示。

图 6-15　"工程更改顺序"对话框

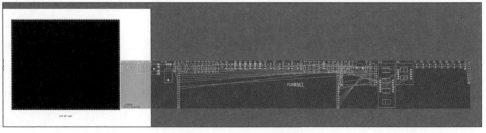

图 6-16　导入原理图

6.3.2　PCB 元件布局

（1）将元器件按图 6-17 所示摆放。

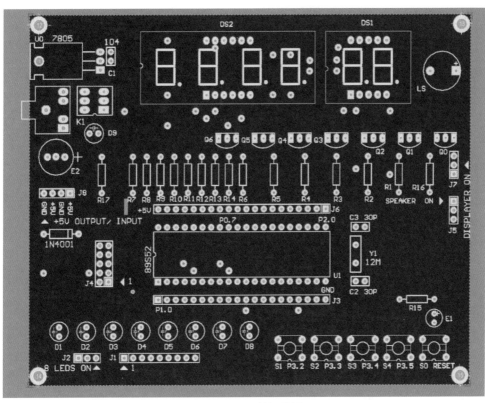

图 6-17　元器件摆放图

（2）单击工具栏中的"放置过孔"按钮，放置前按 Tab 键可以修改过孔的参数。过孔尺寸参考图 6-18，按实际情况自行调整。调整完成后按照图 6-17 中的过孔位置摆放。

（3）单击工具栏中的"放置焊盘"按钮，放置前按 Tab 键可以修改焊盘属性。焊盘通孔尺寸为 118.11mil，可按实际情况调整；外形为 Round，X 和 Y 的值为 200mil，如图 6-19 所示。

图 6-18   过孔属性设置对话框

图 6-19   焊盘属性设置对话框

6.3.3 手动布线

PCB 板最终布线示意图如图 6-20 所示，具体布线步骤如下：

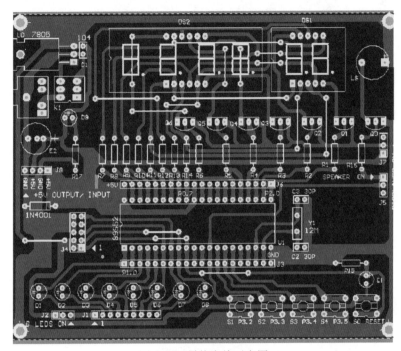

图 6-20 最终布线示意图

（1）单击工具栏中的"交互式布线连接"按钮进行手动连接，注意需要选择
走线起点后按 Tab 键才能修改走线的属性，鼠标移至焊盘中心位置即会出现如图
6-21 所示的十字标。

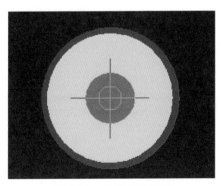

图 6-21 焊盘中心位置

（2）选择好走线起点后拖动鼠标至需要连接的下一个焊盘，如图 6-22 所示。

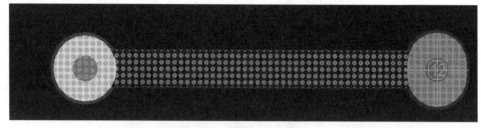

图 6-22   连接下一个焊盘

（3）放置覆铜。单击工具栏中的"放置填充"按钮，选中填充的起点，放置一个如图 6-23 所示的矩形框。值得注意的是，直角走线一般是 PCB 布线中要求尽量避免的情况，以防止尖端放电引起的不良，即放置覆铜时一般呈 45 度角为宜，如果出现直角走线，可对其直角稍作修改，如图 6-24 和图 6-25 所示。

图 6-23   填充起点   图 6-24   放置覆铜   图 6-25   修改直角走线

（4）顶层即 TopLayer 布线。在 PCB 编辑界面底部的图层显示栏中找到 TopLayer（如图 6-26 所示），放置走线，如需修改走线属性请参照步骤（1）操作。

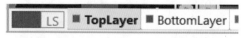

图 6-26   切换到 TopLayer

图 6-27 至图 6-32 所示为部分布线过程。

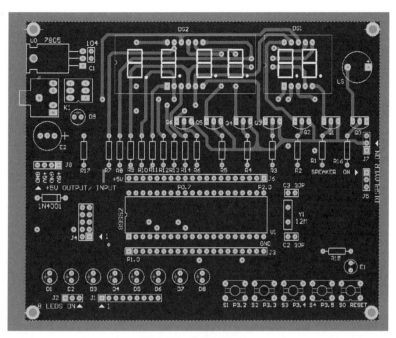

图 6-27　布线示意图 1

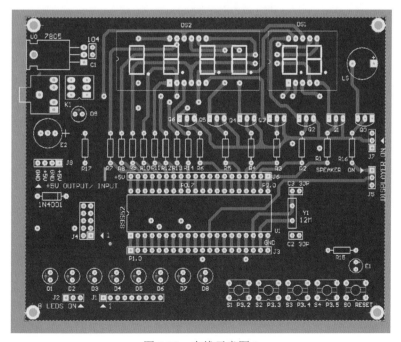

图 6-28　布线示意图 2

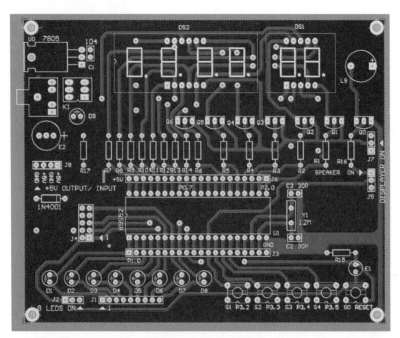

图 6-29　布线示意图 3

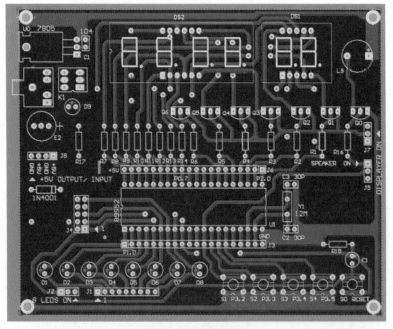

图 6-30　布线示意图 4

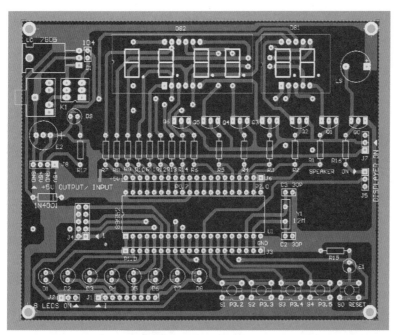

图 6-31　布线示意图 5

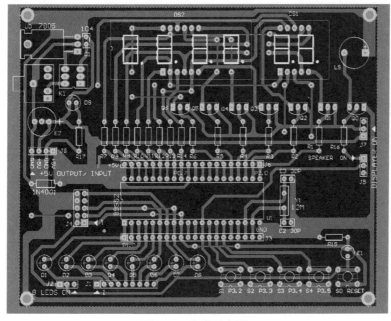

图 6-32　布线示意图 6

（5）布线完成后选择主菜单栏中的"工具"→"滴泪"命令，弹出 Teardrops 对话框，如图 6-33 所示。根据所需设置参数，这里我们默认系统的设置，直接单击 OK 按钮。滴泪泪滴就是在焊盘与连接导线间添加一个像水滴一样的导线，一般用在单面板中，作用是加固焊盘，使得在拆焊元件时焊盘不容易烫坏掉落。

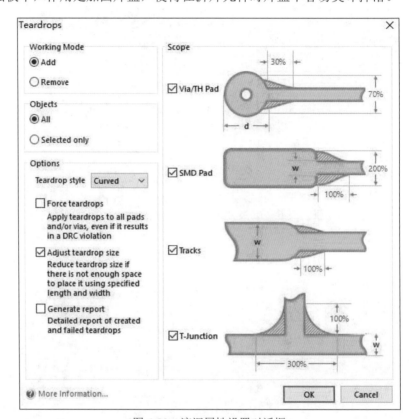

图 6-33　滴泪属性设置对话框

（6）保存工程文件。

第 7 章　PCB 板制作

7.1　热转印法 PCB 板制作

（1）打开上一章中完成的工程文件和 PCB 文件。

（2）双击 PCB 图上的飞线，将 Topoverlay 改为 TopLayer，如图 7-1 和图 7-2 所示。

图 7-1　修改轨迹属性

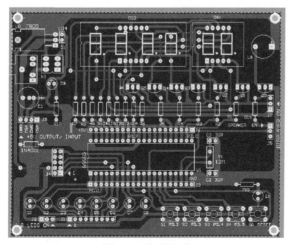

图 7-2　修改完成

（3）选择"文件"→"打印预览"命令，如图 7-3 所示。

图 7-3　打印预览

（4）在弹出的"Preview Composite Drawing of [印刷板.PcbDoc]"对话框中右击并选择"配置"选项，如图 7-4 所示。

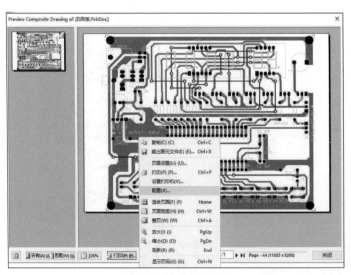

图 7-4　印刷板对话框

（5）在弹出的 PCB Printout Properties 对话框中，将其他项删除，只保留 BottomLayer，如图 7-5 所示；勾选 Mirror 复选项（如图 7-6 所示），单击 OK 按钮，生成一张新的预览图，如图 7-7 所示。

图 7-5　只保留 BottomLayer

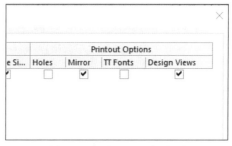

图 7-6　勾选 Mirror 复选项

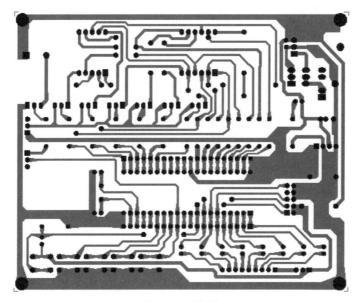

图 7-7　预览图

（6）单击"打印"按钮，将图纸打印在热打印纸上，如图 7-8 所示。

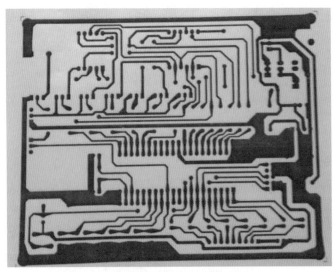

图 7-8　图纸打印效果

（7）将准备好的覆铜板切到合适大小，并用砂纸打磨表面去掉氧化层，如图 7-9 和图 7-10 所示。

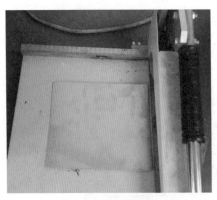　

图 7-9　切割覆铜板　　　　　　图 7-10　用砂纸打磨覆铜板表面

（8）将热打印纸覆盖在覆铜板上并粘贴固定（注意：一定要粘贴稳固，否则打印过程中会移位），如图 7-11 所示。

（9）将热打印机加热到 150℃左右（如图 7-12 所示），将覆铜板通过热打印机，连续通过 20 次左右（注意：要连续通过，两次通过时间不可间隔太久，否则效果不佳；打印机温度很高，小心烫伤），如图 7-13 所示。

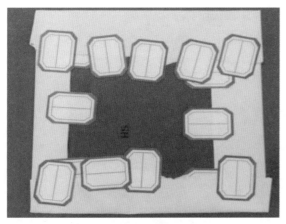

图 7-11　固定打印纸

图 7-12　加热热打印机

图 7-13　将覆铜板通过热打印机

　　（10）结束后，待覆铜板冷却，取下热打印纸，图案便附着在覆铜板上，若有线路不清晰，可用油性马克笔手动补充线路（注意：必须是不溶于水的油性笔），如图 7-14 所示。

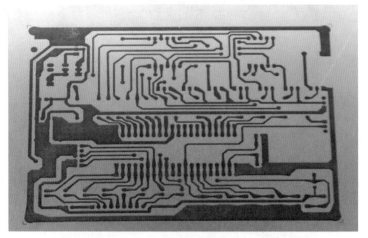

图 7-14　热打印完成

　　（11）用环保腐蚀剂腐蚀铜板。在事先准备的容器中加入适量热水（温度越高，反应越迅速），热水必须能淹没铜板；在热水中加入适量的蚀刻剂，然后将铜板的打印面朝上放入水中，如图 7-15 和图 7-16 所示，再不停地摇晃容器，加快反应速度。10～15 分钟后，换热水再重复上述步骤，直到覆铜板上多余的铜被腐蚀完为止。腐蚀完成后用清水将覆铜板冲洗干净并晾干。

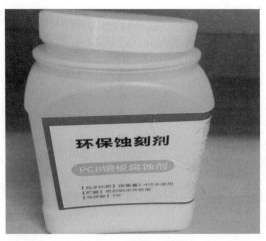

图 7-15　环保蚀刻剂

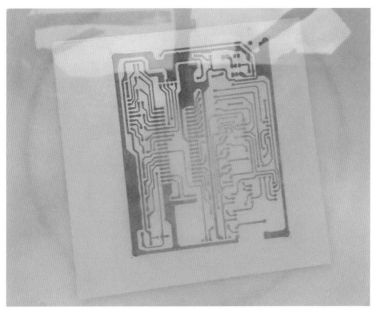

图 7-16　腐蚀铜板

（12）覆铜板晾干后用砂纸打磨掉油墨层，如图 7-17 所示。

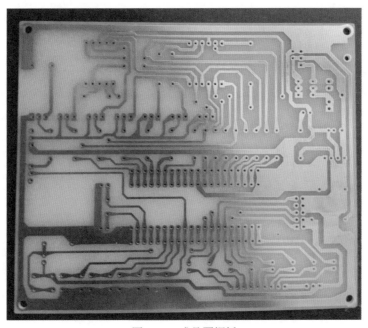

图 7-17　成品覆铜板

7.2   显影腐蚀法 PCB 板加工

（1）双击飞线，将 Topoverlay 改为 TopLayer，如图 7-18 和图 7-19 所示。

图 7-18   修改轨迹属性

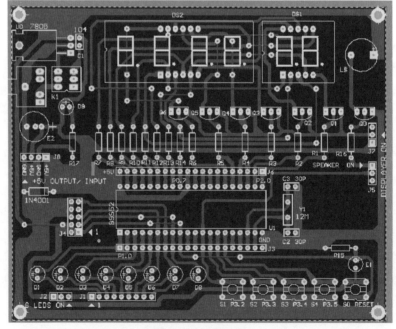

图 7-19   修改完成

（2）选择"文件"→"打印预览"命令，如图 7-20 所示。

图 7-20　打印预览

（3）右击图片并选择"配置"选项，先打印顶层，留下 MultiLayer 层、TopLayer 层和 Mechanical 层，再打印底层，留下 MultiLayer 层、BottomLayer 层和 Mechanical 层，其他层通过右键删除，如图 7-21 所示。注意：顶层要勾选 Mirror 复选项。

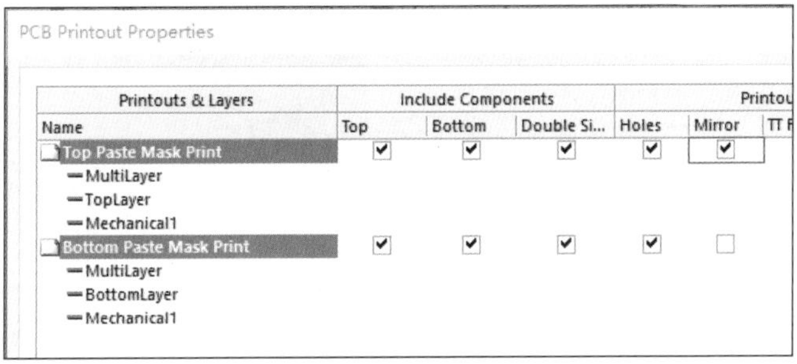

图 7-21　打印预览

（4）右击空白处并选择 Preferences 选项，如图 7-22 所示。

图 7-22　选择 Preferences 选项

（5）MultiLayer 和 BottomLayer 选择白色，Mechanical 选择黑色，Pad Hole Layer 和 Via Hole Layer 也选择黑色，单击 OK 按钮，如图 7-23 所示。

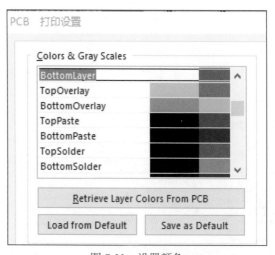

图 7-23　设置颜色

（6）打印的图纸预览如图 7-24 和图 7-25 所示。

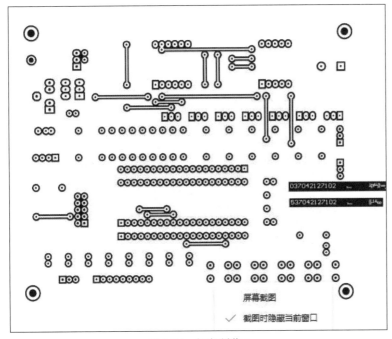

图 7-24　打印预览 1

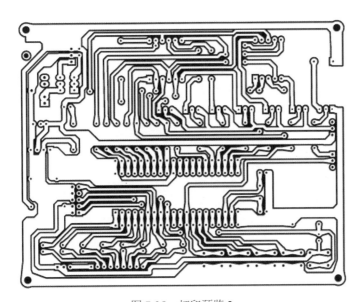

图 7-25　打印预览 2

7.2.1 PCB 版图曝光

（1）将图纸打印在菲林纸或硫酸纸上，如图 7-26 和图 7-27 所示。注意：菲林纸价格比硫酸纸贵，但效果更好。

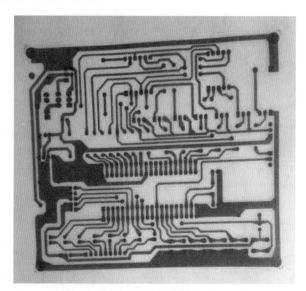

图 7-26   打印图纸 1

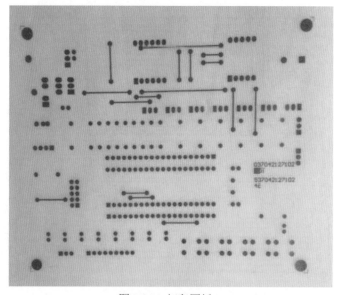

图 7-27   打印图纸 2

（2）将覆铜板切割至合适大小，并用砂纸打磨表面。

（3）在双面覆铜板上刷感光蓝油，如图 7-28 所示。注意：蓝油务必均匀且适量刷在表面上，不要留下太多刷痕，否则会导致成品表面不平整。

图 7-28　刷感光蓝油

（4）待感光蓝油干透后，将菲林纸一面附着在覆铜板上，用玻璃片压住，避免空气进入，用紫外线灯照射（注意，用紫外线灯照射时可用纸箱罩住，避免其他光源干扰）。

（5）用灯照射 15 分钟左右，效果如图 7-29 所示。

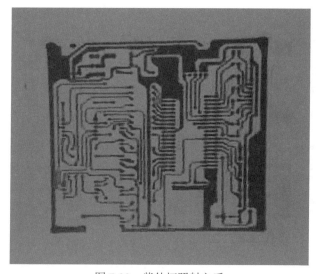

图 7-29　紫外灯照射之后

7.2.2　PCB 版图显影

（1）灯照结束后，将显影剂加入到 30℃ 左右的温水中，可将线路显影出来。注：显影剂 20 克加水 2 升。

（2）待双面显影全部结束后将覆铜板取出。取干净的清水，加入腐蚀剂，放入覆铜板，步骤和上一节类似。

（3）另取清水加入脱模剂（如图 7-30 所示），将覆铜板放入。

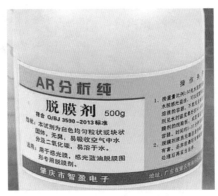

图 7-30　脱模剂

（4）待蓝膜全部脱落后，用清水冲洗覆铜板，晾干即可得到双面 PCB 板，如图 7-31 和图 7-32 所示。

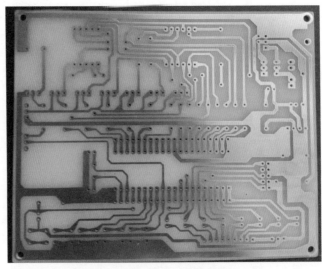

图 7-31　显影法完成后覆铜板的一面

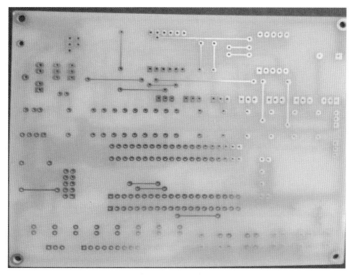

图 7-32　显影法完成后覆铜板的另一面

7.3　元器件钻孔及焊接

7.3.1　钻孔焊接工具介绍

（1）钻孔工具介绍。

- 　1.2mm 钻头：如图 7-33 所示。请根据焊点大小选择钻头直径。

图 7-33　1.2mm 钻头

- 电钻夹头钥匙：如图 7-34 所示。

图 7-34　电钻夹头钥匙

- 精密微型台钻：如图 7-35 所示。

打开电源开关后，将钻头对准需要钻孔的位置，将箭头所指把手向下拉，钻头即向下钻取。

图 7-35　精密微型台钻

钻孔步骤：

1）用电钻夹头钥匙将钻头安装在钻孔机上。

2）开机预热，试用钻孔机，观察钻头与 PCB 板接触时是否出现漂移现象，如出现漂移，关闭电源后检查钻头是否安装牢固。

3）打开电源，放置所需钻孔 PCB 板，对准孔位，将把手向下拉，钻头随即向下移动。

（2）焊接工具介绍。

● 电烙铁：分为外热式和内热式两种。外热式电烙铁由烙铁头、烙铁芯、外壳、木柄、电源引线、插头组成。由于烙铁头安装在烙铁芯里面，故称为外热式电烙铁。烙铁芯是电烙铁的关键部件，是将电热丝平行地绕制在一根空心瓷管上构成，中间的云母片绝缘，并引出两根导线与 220V 交流电源连接。内热式电烙铁由手柄、连接杆、弹簧夹、烙铁芯、烙铁头组成。由于烙铁芯安装在烙铁头里面，因而发热快，热利用率高，因此称为内热式电烙铁。内热式电烙铁的常用规格为 20W 和 50W 两种。由于其热效率高，20W 内热式电烙铁就相当于 40W 左右的外热式电烙铁。内热式电烙铁的后端是空心的，用于套接在连接杆上，并且用弹簧夹固定，当需要更换烙铁头时，必须先将弹簧夹退出，同时用钳子夹住烙铁头的前端，慢慢地拔出，切忌用力过猛，以免损坏连接杆。图 7-36 所示即为内热式电烙铁。

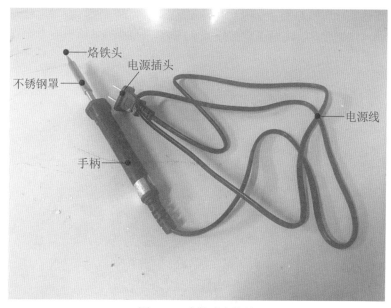

图 7-36　内热式电烙铁

- 松香：松树内含有的树脂蒸馏后的物质，外观呈固体、透明，颜色为淡黄色或棕色，质硬而脆（如图 7-37 所示），具有不溶于水但溶于酒精的特性。在焊接中起到助焊剂的作用，焊接时，焊剂先融化，很快流浸、覆盖于焊料表面，起到隔绝空气防止金属表面氧化的作用，并能在焊接的高温下与焊锡及被焊金属的表面氧化膜反应，使之熔解，还原纯净的金属表面。合适的焊锡有助于焊出满意的焊点形状并保持焊点的表面光泽。

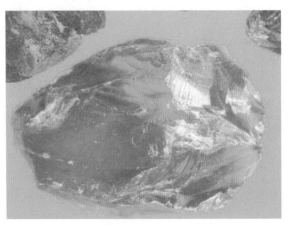

图 7-37　松香

- 焊锡丝：由锡合金和助焊剂两部分组成，合金成分分为锡铅和无铅。助焊剂均匀灌注到锡合金中间部位，如图 7-38 所示。目前市面上的焊锡丝内部都添加了助焊剂，所以在焊接过程中不再需要松香进行辅助焊接。

图 7-38　焊锡丝

7.3.2　焊接步骤

（1）对电烙铁的外部进行观察，主要检查电烙铁整体有无破损、电源线有无烧损坏、插头是否紧固等。如有此类现象，请务必更换，以免出现危险，甚至造成事故。

如果是新的电烙铁，首先要通电。因为新烙铁为了保护烙铁头会在上面涂油，先通电产生热量把这层油烧掉，否则将影响焊接质量。焊接工程中一定要保持通风，目的是让焊锡丝融化产生的烟雾尽快散掉。

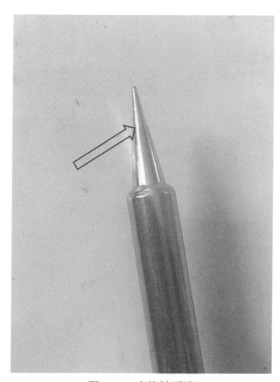

图 7-39　电烙铁顶端

（2）接通电源后，稍作等待烙铁头预热。焊接时，焊接电路的覆铜、元件管脚都应清理干净，不能存在杂质。使用镊子夹取，将管脚垂直放于圆孔之中。先在烙铁头上镀少许焊锡，然后用烙铁头镀锡的部位以一定的角度紧贴管脚与覆铜，同时在管脚的另一侧用焊锡抵住，通过烙铁传过来的热量融化焊锡，形成焊点，如图7-40所示。焊接时避免出现焊点拉尖和圆缺的情况。

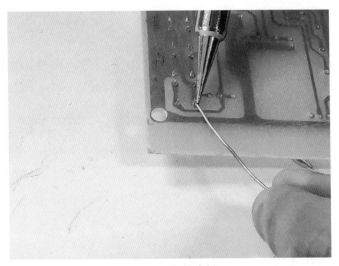

图 7-40　焊接实操

（3）焊接完单个元件后，将烙铁头在松香上浸一下（如果使用含有助焊剂的焊锡丝则不用进行这一步），再焊接下一个。注意焊接时间不宜过长，以 3 秒为宜，时间过长容易导致覆铜脱落。焊点形成后，把烙铁向上提起，焊接工作完成。

7.4　最小系统调试

（1）使用 USB 线将系统与电源相连（计算机 USB 接口即可），使用跳线帽将 J7 与 J5 的 1、2 脚相连，如图 7-41 和图 7-42 所示。

图 7-41　跳线帽

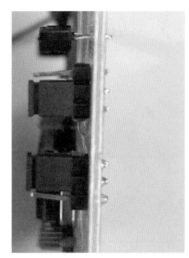

图 7-42 实物连接图

（2）打开电源开关，数码管显示正常，LED 管伴随数码管的数字增加从左到右即 D1~D8 依次点亮。数码管显示实现计时器功能，即每 60 秒向前进一位，每 60 分钟向前进一位，如图 7-43 所示。

图 7-43 调试结果

（3）按下 S0（复位）键系统重置。

第8章 智能家居控制系统

8.1 系统介绍

智能家居控制系统基于 AT89C51 单片机，利用传感器对可燃气体、火焰、人体红外进行检测，由显示电路、声光报警电路、人体红外检测电路、火焰传感器检测电路、烟雾传感器检测电路、温湿度检测电路等组成，如图 8-1 所示。

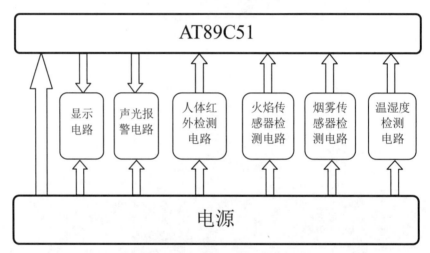

图 8-1　智能家居控制系统电路组成

8.1.1　电源电路

电源接口，经过开关（6 脚，按下接通 2 和 3 与 5 和 4），然后是两个电容进行滤波，104 瓷片电容滤高频，100μF 电解电容滤低频（稳压），容值越大稳定效果越好，得到系统的+5V 电源，后面是 LED 指示灯接限流电阻作为电源指示灯，开关开启有电流通过则会亮，如图 8-2 所示。

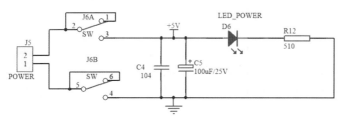

图 8-2　电源电路

8.1.2　显示电路

显示接口用来显示系统的状态、命令或采集的电压数据。本系统显示部分用的是 LCD 液晶电路,采用一个 16×2 的字符型液晶显示电路。接线方式如表 8-1 所示,显示电路如图 8-3 所示。

（1）供电电压：5V。

（2）标准 I^2C 协议。

（3）有背光灯和对比度调节电位器。

（4）四线输出,更少接口占用。

表 8-1　接线方式

LCD1602	Arduino	树莓派
GND	GND	GND
VCC5V	VCC5V	VCC5V
SDA	A4	Pin3
SCL	A5	Pin5

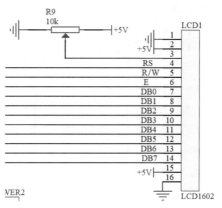

图 8-3　显示电路

第 1 脚：VSS 为地电源。

第 2 脚：VDD 接 5V 正电源。

第 3 脚：VL 为液晶显示器对比度调整端，接正电源时对比度最低，接地时对比度最高，对比度过高时会产生"鬼影"，使用时可以通过一个 10kΩ 的电位器来调整对比度。

第 4 脚：RS 为寄存器选择，高电平时选择数据寄存器，低电平时选择指令寄存器。

第 5 脚：R/W 为读写信号线，高电平时进行读操作，低电平时进行写操作。当 RS 和 R/W 共同为低电平时可以写入指令或者显示地址，当 RS 为低电平 R/W 为高电平时可以读忙信号，当 RS 为高电平 R/W 为低电平时可以写入数据。

第 6 脚：E 端为使能端，当 E 端由高电平跳变成低电平时，液晶模块执行命令。

第 7～14 脚：DB0～DB7 为 8 位双向数据线。

第 15 脚：背光源正极。

第 16 脚：背光源负极。

8.1.3　人体红外检测电路

人体红外检测使用的热释电红外传感器，能够对人体散发的固定频段的红外波长进行检测。人体红外辐射是人体温度的体现，因此能够运用热电效应通过检测人体与周围环境差异的不同来刺激电信号的变化，这就是热释电晶体的工作方式。当今各种生命检测仪和红外光谱仪等设备都是运用热释电晶体进行工作的。这已被各种自动化装置广泛采用。在人不看或者入睡时，电视可以自动感知并关掉。由于热释电晶体采用的是热电效应，是通过判断人体温度产生的红外光辐射工作的，所以热电传感器是一种对温度敏感的传感器。当有物体经过时，就会从盲区进入高灵敏区，从而传感器输出一个电压信号。两个极性相反但特性一致的探测元串联之后就能消除传感器自身或环境引起的干扰。传感器上的滤波片除了能通过人体特定波长的红外信号外还能将太阳和灯光的辐射拒之门外。

传感器能感知人或动物运动的感觉。实验证明，若传感器上没有安装光学镜片（或不加酚镜），测量距离小于 2 米，若含有光学镜片，则测量距离大于 7 米。

人体红外检测电路如图 8-4 所示。J1 为人体红外模块插口，有人时第 2 脚输出高电平，经过 R2 限流后开关三极管 Q1，此时三极管集电极接地，即 TRIP 为低电平，LED 灯点亮；单片机通过判断 TRIP 是否为低电平来确定是否有人。

C1 为滤波电容，使电源+5V 更干净，R4 为上拉电阻，在无人时，三极管截止，TRIP 通过这个上拉电阻变成高电平。

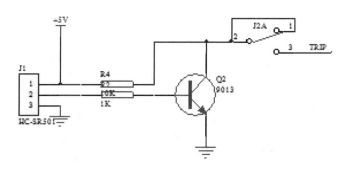

图 8-4　人体红外检测电路

8.1.4　火焰检测电路

火焰检测电路通过探测火焰波长的红外光来检测是否有火情，其上带有的电位器可以调节灵敏度，以此来控制检测范围。将检测到的波长转化为对应的电压信号，通过 TTL 脚输出，就能进入单片机进行处理和判断，如图 8-5 所示。外界红外光越强数值越小，红外光越弱数值越大。

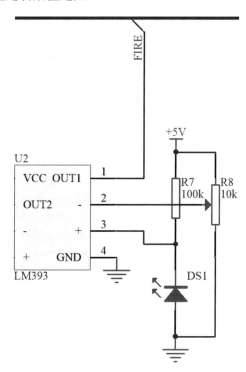

图 8-5　火焰检测电路

8.1.5　可燃性气体检测电路

MQ 系列传感器使用二氧化锡作为检测材料，这是一种活性很高的金属氧化物，对可燃性气体能作出灵敏反应。当传感器加热后，在不同气体浓度中它所表现出的电导率也会变化。该电路（如图 8-6 所示）有 3 个接入引脚：VCC、VH 和 GND，VCC 和 GND 是用于电路供电和测量负载电阻的电压，该电压值就是最终输出的气体浓度转换值。VH 是加热器电压，为传感器提供特定的工作温度。

LM393 是运算放大器，这里作为电压比较器，其主要工作原理是当输入电压 V+>V-时输出高电平，当输入电压 V+<V-时输出低电平（这里第 2 脚是 V-，第 3 脚是 V+，第 1 脚是输出）。

U2 是气体检测探头，与 R5 和 R10 构成一个回路，起到分压的作用，R11 可调电阻是调节比较器 V+输入电压的，正常情况下，比较器 V-输入端的电压低于 V+输入端的电压，即输出高电平；当检测到可燃气体时，MQ-2 的电阻变小，根据分压原理，电阻越小电压越低，使得 V-电压变大，所以 V->V+比较器输出低电平。单片机通过判断该管脚为低电平时表示检测到可燃性气体，启动报警。

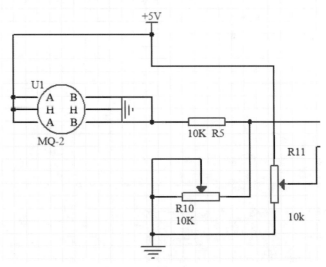

图 8-6　可燃气体检测电路

8.1.6　声光报警电路

声光报警电路（如图 8-7 所示）即蜂鸣器的工作原理简单，当一端接地时，另一端通过高电平则蜂鸣器工作鸣响，反之则不响。通过三极管可以放大电路，提高蜂鸣器的鸣响声音。

　　R1 为上拉电阻，使 I/O 口的电流处于高电平时升高，蜂鸣器正常工作，R6 起限流作用，保护三极管。

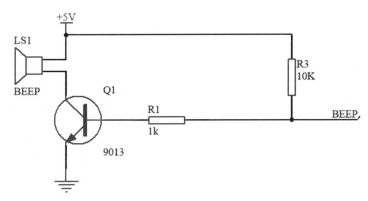

图 8-7　声光报警电路

8.1.7　温湿度传感器

温湿度传感器如图 8-8 所示。

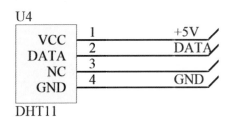

图 8-8　温湿度传感器

　　第 1 脚：供电+5V。

　　第 2 脚：串行输出，单总线。

　　第 3 脚：空脚，请悬空。

　　第 4 脚：接地，电源负极。

　　DHT11 数字温湿度传感器是一款含有已校准数字信号输出的温湿度复合传感器，它包括一个电容式感湿元件和一个 NTC 测温元件，并与一个高性能 8 位单片机相连接。

　　系统原理图和 PCB 图如图 8-9 和图 8-10 所示。

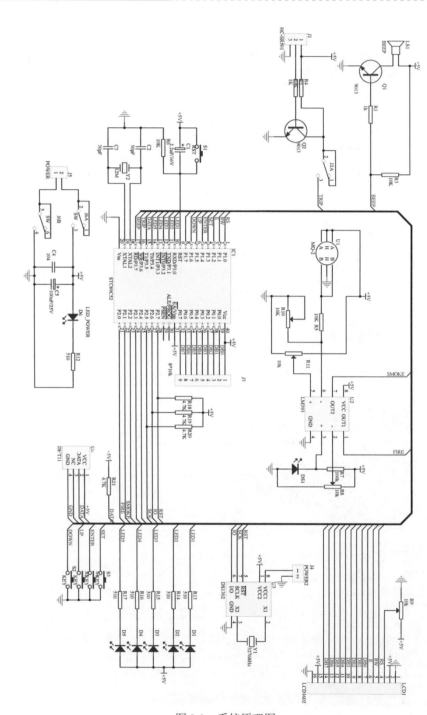

图 8-9　系统原理图

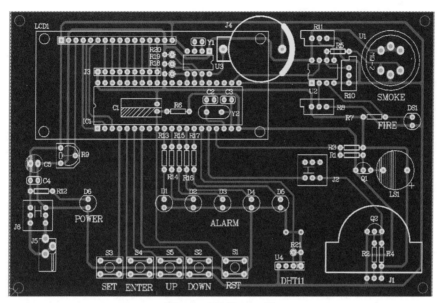

图 8-10 系统 PCB 图

8.2 系统实物图

系统电路板的正面与背面如图 8-11 和图 8-12 所示。

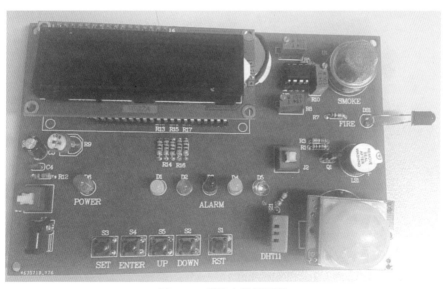

图 8-11 系统电路板正面

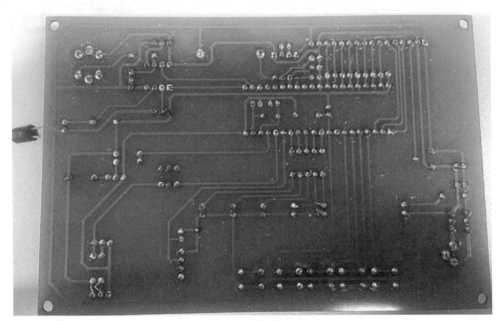

图 8-12   系统电路板背面

8.3   系统调试

8.3.1   程序烧录

所需工具：

- ISP-STC 烧录软件。
- C51 单片机开发板。
- 单片机烧写线。
- 所要烧录的程序。

操作方法：

（1）将系统上的芯片拆下并安装至开放板中，用烧写线与计算机连接，打开 ISP-STC 软件，安装驱动后烧写程序会自动识别设备。程序界面如图 8-13 所示。

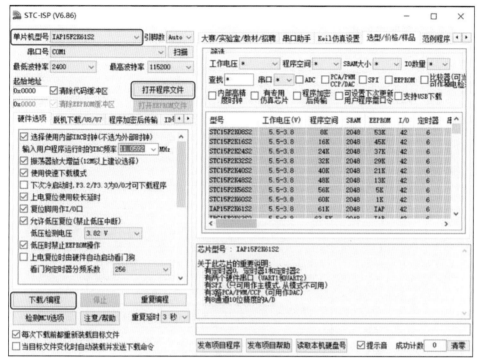

图 8-13　烧录软件

（2）在界面左上角选择单片机型号，如图 8-14 所示。请根据所用单片机型号进行选择，型号错误可能会导致程序无法烧录。

图 8-14　选择型号

（3）单击"打开程序文件"按钮，弹出访问文件位置对话框，选择格式为.hex 的程序文件后双击或者单击"打开"按钮。

（4）单击界面左下角的"下载/编程"按钮（如图 8-15 所示），然后打开开发板开关，等待烧录完成。

图 8-15　"下载/编程"按钮

8.3.2 各电路调试

软件流程图如图 8-16 所示。

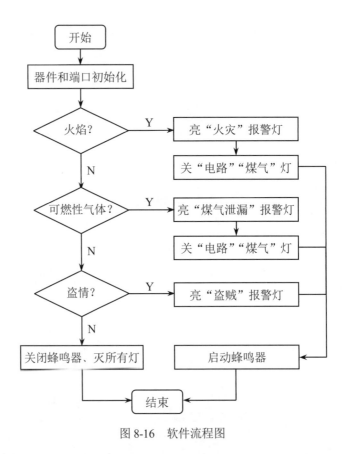

图 8-16 软件流程图

（1）火焰检测：打开电源开关，将使用中的打火机靠近火焰传感器，火灾报警灯亮起，电路指示灯及煤气指示灯熄灭，触发报警电路，蜂鸣器响起。

（2）可燃性气体检测：打开电源开关，对准可燃性气体检测传感器放出打火机内的丁烷气体，煤气泄漏报警灯亮起，电路指示灯及煤气指示灯熄灭，触发报警电路，蜂鸣器响起。

（3）温湿度检测：观测温湿度是否在 LCD1602 显示屏中显示。

（4）人体红外检测：打开电源开关，用手靠近人体红外检测传感器，盗贼报警灯亮起，触发报警电路，蜂鸣器响起。

附录

A 流水灯参考程序清单

```c
#include<reg52.h>
#include<intrins.h>
#define uchar unsigned char
#define uint unsigned int
#define LED P1
//共阳数码管选择此语句
uchar duanma_1[]={0xc0,0xf9,0xa4,0xb0,0x99,0x92,0x82,0xf8,0x80,0x90};
//共阴数码管选择此语句
uchar duanma_2[]={0x3f,0x06,0x5b,0x4f,0x66,0x6d,0x07d,0x07,0x7f,0x6f};
uchar weima[]={0xdf,0xef,0xf7,0xfb,0xfd,0xfe};
uchar i=0;
uchar count=0;
uchar ct=0;
void delay(uchar x)
{
    uchar y,z;
    for(y=110;y>0;y--)
    for(z=x;z>0;z--);
}

void Timer0Iint()
{
    TMOD=0x01;
    TH0=0xfc;
    TL0=0x18;
    ET0=1;
    EA=1;
    TR0=1;
}

void Led_on(int i)
{
    if(i<=8)
        LED=_cror_(LED,1);
```

```c
        if(i>8)
            LED=_crol_(LED,1);
}

void display(uchar i,uchar j)
{
    P2=weima[i];
    P0=duanma_1[j];
    delay(2);
}

void dis_pinlv()
{
    display(0,6);
    display(1,0);
    display(2,0);
    display(3,0);
    display(4,0);
    display(5,0);

    display(5,count / 1 % 10);
    display(4,count / 10 % 10);
    display(3,count / 100 % 10);
}

void main()
{
    LED=0xff;
    Timer0Iint();
    LED=0x7f;
    while(1)
    {
        dis_pinlv();
    }
}

void Time() interrupt 1
{
    static int i;
    TH0=0xfc;
    TL0=0x18;
    i++;
    if(i==1000)
    {
```

```
            i=0;
            ct=ct+1;
            Led_on(ct);
            if(ct==16)
            {
                    ct=0;
            }
            count=count+1;


        }
    }
```

B　智能家居控制系统参考程序清单

```
#include <reg51.h>
#include <intrins.h>
#define uchar unsigned char
#define uint unsigned int
sbit Beep=P3^7;                    //蜂鸣器接口
sbit Fire=P2^0;                    //火焰传感器接口
sbit Smoke=P2^1;                   //烟雾传感器接口
sbit Steal=P3^6;                   //人体红外模块接口
sbit LED1=P3^3;                    //LED 灯接口火灾
sbit LED2=P3^2;                    //烟雾/可燃性泄漏
sbit LED3=P3^1;                    //煤气正常
sbit LED4=P3^0;                    //电路正常
sbit LED5=P3^4;                    //防盗提示
sbit rs=P1^0;                      //LCD1602
sbit rw=P1^1;                      //LCD1602
sbit e=P1^2;                       //LCD1602
sbit sck=P2^5;                     //时钟端口
sbit io=P2^6;                      //时钟端口
sbit rst=P2^7;                     //时钟端口
sbit SELT=P1^3;                    //选择键
sbit ENTER=P1^4;                   //确认键
sbit UP=P1^5;                      //加键
sbit DOWN =P1^6;                   //减键
sbit Data =P3^5;                   //温湿度传感器接口

uchar time_data[7];
uchar code write_add[7]={0x8c,0x8a,0x88,0x86,0x84,0x82,0x80};        //数据的地址
uchar code read_add[7]={0x8d,0x8b,0x89,0x87,0x85,0x83,0x81};
```

```
uchar code table1[]="       2000/00/00 ";
uchar code table2[]="        00:00:00 00";
uchar code table4[]="    Set Real Time ";
uchar code table3[]="                   ";

bit Adjust;                    //调节标志位，=1 表示进入调节模式，=0 是正常模式
uchar temp;                    //8 个数据位的变量
uchar comdata;                 //总线接收到的数据
uchar T_data_H_temp,T_data_L_temp,RH_data_H_temp,RH_data_L_temp,checkdata_temp;
uchar T_data_H,T_data_L,RH_data_H,RH_data_L,checkdata;
int Count;                     //中断次数
uchar Select_num;              //选择键按下次数
uchar Enter_num;              //确认键按下次数
char Hour,Minute,Second,Year,Month,Day,Week;           //时间设置值
void read_rtc();

/*******************************液晶屏 LCD1602*******************************/
void delay1(uint z)                    //延时函数
{
    uint x,y;
    for(x=z;x>0;x--)
    for(y=10;y>0;y--);
}

void write_com(uchar com)              //写指令函数
{
    rw=0;
    delay1(5);
    rs=0;
    delay1(5);
    e=1;
    delay1(5);
    P0=com;
    delay1(5);
    e=0;
    delay1(5);
}

void write_date(uchar date)                //写数据函数
{
    rw=0;
    delay1(5);
    rs=1;
    delay1(5);
```

```
        e=1;
        delay1(5);
        P0=date;
        delay1(5);
        e=0;
        delay1(5);
    }

    void init()                             //初始化函数
    {
        uchar num;
        e=0;                                //时序表 e 初始为 0
        write_com(0x38);                    //设置 16*2 显示，5*7 点阵，8 位数据接口
        write_com(0x0c);                    //设置光标
        write_com(0x06);                    //光标自动加 1，光标输入方式
        write_com(0x01);                    //清屏
        write_com(0x80);                    //设置初始显示位置
        for(num=0;num<16;num++)
        {
            write_date(table1[num]);
            delay1(5);
        }
        write_com(0x80+0x40);
        for(num=0;num<16;num++)
        {
            write_date(table2[num]);
            delay1(5);
        }
    }

    void SetTime_dispaly(uchar add,uchar dat)    //第一个：参数的地址，第二个：参数的内容
    {
        uchar shi,ge;
        shi=dat/10;                         //把温度的十位提取出来
        ge=dat%10;                          //把温度的个位提取出来
        write_com(add);                     //要写的地址
        write_date(0x30+shi);               //十位的内容      1602 字符库
        write_date(0x30+ge);                //个位的内容      1602 字符库
    }

    void Date_dispaly(uchar add,uchar dat)       //第一个：参数的地址，第二个：参数的内容
    {
        uchar shi,ge;
        shi=dat/16;                         //把温度的十位提取出来
```

```
        ge=dat%16;                          //把温度的个位提取出来
        write_com(add);                     //要写的地址
        write_date(0x30+shi);               //十位的内容    1602 字符库
        write_date(0x30+ge);                //个位的内容    1602 字符库

}

void LCD_Display_String(unsigned char line,unsigned char *string)
{       //液晶屏显示内容，把要显示的内容写到对应的位置上
        unsigned char i;
        unsigned char address=0;
        if(line==1)
        {
                address=0x80;               //0x80 是第 1 行的第 1 个位置，0x81 是第 2 行的第 2 个位置
        }
        else if(line==2)
        {
                address=0x80+0x40;          //0x80+0x40 是第 2 行的第 1 个位置，0x80+0x40+1 是第 2
                                            //行的第 2 个位置
        }

        for(i=0;i<16;i++)
        {
                write_com(address);
                write_date(string[i]);
                address++;
        }
}

void Time_Display(void)
{
        read_rtc();
        Date_dispaly(0x80+0x40+11,time_data[6]);         //显示秒
        Date_dispaly(0x80+0x40+8,time_data[5]);          //显示分
        Date_dispaly(0x80+0x40+5,time_data[4]);          //显示时
        Date_dispaly(0x80+13,time_data[3]);              //显示日
        Date_dispaly(0x80+10,time_data[2]);              //显示月
        Date_dispaly(0x80+0x40+14,time_data[1]);         //显示周
        Date_dispaly(0x80+7,time_data[0]);               //显示年
        //Year/10*16+Year%10
        Year=time_data[0]/16*10+time_data[0]%16;
        Week=time_data[1]/16*10+time_data[1]%16;
        Month=time_data[2]/16*10+time_data[2]%16;
        Day=time_data[3]/16*10+time_data[3]%16;
```

```
        Hour=time_data[4]/16*10+time_data[4]%16;
        Minute=time_data[5]/16*10+time_data[5]%16;
        Second=time_data[6]/16*10+time_data[6]%16;
}
```

/*****************************时间芯片 DS1302*****************************/

```
void write_ds1302_byte(uchar dat)
{
    uchar i;
    for(i=0;i<8;i++)
    {
        sck=0;
        io=dat&0x01;            //准备数据，从最低位开始
        dat=dat>>1;
        sck=1;
    }
}

void write_ds1302(uchar add,uchar dat)
{
    rst=0;
    _nop_();                    //CPU 原地踏步
    sck=0;
    _nop_();
    rst=1;
    _nop_();
    write_ds1302_byte(add);     //传地址
    write_ds1302_byte(dat);     //传数据
    rst=0;                      //不受其他影响
    _nop_();
    io=1;                       //释放
    sck=1;
}

uchar read_ds1302(uchar add)
{
    uchar i,value;
    rst=0;
    _nop_();                    //CPU 原地踏步
    sck=0;
    _nop_();
    rst=1;
    _nop_();
```

```
            write_ds1302_byte(add);
            for(i=0;i<8;i++)
            {
                value=value>>1;
                sck=0;
                if(io)
                value=value|0x80;
                sck=1;
            }
        rst=0;
        _nop_();
        sck=0;
        _nop_();
        sck=1;
        io=1;
        return value;
    }

    void set_rtc()                     //设置时间
    {
        uchar i,j;
        for(i=0;i<7;i++)               //转换 BCD 码
        {
            j=time_data[i]/10;
            time_data[i]=time_data[i]%10;
            time_data[i]=time_data[i]+j*16;
        }
        write_ds1302(0x8e,0x00);   //去除写保护
        for(i=0;i<7;i++)
        {
            write_ds1302(write_add[i],time_data[i]);
        }
        write_ds1302(0x8e,0x80);   //加写保护
    }

    void read_rtc()
    {
        uchar i;
        for(i=0;i<7;i++)
        {
            time_data[i]=read_ds1302(read_add[i]);         //最终读出来的数，16 进制
        }
    }
```

```
/*****************************按键*******************************/
void Keyscan(void)
{
    if(SELT==0)
    {
        delay1(2);
        if(SELT==0)
        {
            while(!SELT);
            Select_num++;                    //选择键按下一次
            Adjust=1;                        //进入调节模式
        }
        if(Select_num==1)
        {
            LCD_Display_String(1,table4);
            LCD_Display_String(2,table3);
            write_com(0x80+0);               //写>>
            write_date(0x3e);
            write_com(0x80+1);               //写>>
            write_date(0x3e);
            Enter_num=0;
        }
        if(Select_num==2)
        {
            LCD_Display_String(1,table1);
            LCD_Display_String(2,table2);
            Select_num=0;
            Enter_num=0;
            Adjust=0;
        }
        write_com(0x0c);                     //光标不再闪烁
        Enter_num=0;
    }

    if(ENTER==0)
    {
        delay1(2);
        if(ENTER==0)
        {
            while(!ENTER);
            Enter_num++;
        }
        if(Select_num==1)                    //设置实时时间
        {
```

```
if(Enter_num==1)
{
    LCD_Display_String(1,table1);
    LCD_Display_String(2,table2);
    SetTime_dispaly(0x80+7,Year);
    SetTime_dispaly(0x80+10,Month);
    SetTime_dispaly(0x80+13,Day);
    SetTime_dispaly(0x80+0x40+5,Hour);
    SetTime_dispaly(0x80+0x40+8,Minute);
    SetTime_dispaly(0x80+0x40+11,Second);
    SetTime_dispaly(0x80+0x40+14,Week);
    write_com(0x80+7);          //光标闪烁地址，停留在年的位置上
    write_com(0x0f);            //光标闪烁
}
if(Enter_num==2)
{
    write_com(0x80+10);         //光标闪烁地址，停留在月的位置上
    write_com(0x0f);            //光标闪烁
}
if(Enter_num==3)
{
    write_com(0x80+13);         //光标闪烁地址，停留在日的位置上
    write_com(0x0f);            //光标闪烁
}
if(Enter_num==4)
{
    write_com(0x80+0x40+5);     //光标闪烁地址，停留在时的位置上
    write_com(0x0f);            //光标闪烁
}
if(Enter_num==5)
{
    write_com(0x80+0x40+8);     //光标闪烁地址，停留在分的位置上
    write_com(0x0f);            //光标闪烁
}
if(Enter_num==6)
{
    write_com(0x80+0x40+11);    //光标闪烁地址，停留在秒的位置上
    write_com(0x0f);            //光标闪烁
}
if(Enter_num==7)
{
    write_com(0x80+0x40+15);    //光标闪烁地址，停留在星期的位置上
    write_com(0x0f);            //光标闪烁
}
```

```
            if(Enter_num==8)
            {
                Enter_num=0;
                write_com(0x0c);                    //光标不再闪烁
                LCD_Display_String(1,table1);
                LCD_Display_String(2,table2);
                time_data[0]=Year;///10*16+Year%10;
                time_data[1]=Week;///10*16+Week%10;
                time_data[2]=Month;///10*16+Month%10;
                time_data[3]=Day;///10*16+Day%10;
                time_data[4]=Hour;///10*16+Hour%10;
                time_data[5]=Minute;///10*16+Minute%10;
                time_data[6]=Second;///10*16+Second%10;
                set_rtc();          //设置时间
                Select_num=0;
                Adjust=0;
            }
        }
    }
    if(UP==0)
    {
        delay1(2);
        if(UP==0)
        {
            while(!UP);
            if(Select_num==1)
            {
                if(Enter_num==1)
                {
                    Year++;
                    if(Year>99)
                    Year=0;
                    SetTime_dispaly(0x80+7,Year);
                    write_com(0x80+7);
                    write_com(0x0f);
                }
                if(Enter_num==2)
                {
                    Month++;
                    if(Month>12)
                    Month=1;
                    SetTime_dispaly(0x80+10,Month);
                    write_com(0x80+10);
                    write_com(0x0f);
```

```
        }
        if(Enter_num==3)
        {
            Day++;
            if(Day>31)
            Day=1;
            SetTime_dispaly(0x80+13,Day);
            write_com(0x80+13);
            write_com(0x0f);
        }
        if(Enter_num==4)
        {
            Hour++;
            if(Hour>23)
            Hour=0;
            SetTime_dispaly(0x80+0x40+5,Hour);
            write_com(0x80+0x40+5);
            write_com(0x0f);
        }
        if(Enter_num==5)
        {
            Minute++;
            if(Minute>59)
            Minute=0;
            SetTime_dispaly(0x80+0x40+8,Minute);
            write_com(0x80+0x40+8);
            write_com(0x0f);
        }
        if(Enter_num==6)
        {
            Second++;
            if(Second>59)
            Second=0;
            SetTime_dispaly(0x80+0x40+11,Second);
            write_com(0x80+0x40+11);
            write_com(0x0f);
        }
        if(Enter_num==7)
        {
            Week++;
            if(Week>7)
            Week=1;
            SetTime_dispaly(0x80+0x40+14,Week);
            write_com(0x80+0x40+14);
```

```
                    write_com(0x0f);
                }
            }
        }
    }
    if(DOWN==0)
    {
        delay1(2);
        if(DOWN==0)
        {
            while(!DOWN);
            if(Select_num==1)
            {
                if(Enter_num==1)
                {
                    Year--;
                    if(Year<0)
                    Year=99;
                    SetTime_dispaly(0x80+7,Year);
                    write_com(0x80+7);
                    write_com(0x0f);
                }
                if(Enter_num==2)
                {
                    Month--;
                    if(Month<1)
                    Month=12;
                    SetTime_dispaly(0x80+10,Month);
                    write_com(0x80+10);
                    write_com(0x0f);
                }
                if(Enter_num==3)
                {
                    Day--;
                    if(Day<1)
                    Day=31;
                    SetTime_dispaly(0x80+13,Day);
                    write_com(0x80+13);
                    write_com(0x0f);
                }
                if(Enter_num==4)
                {
                    Hour--;
                    if(Hour<0)
```

```
                                            Hour=23;
                                            SetTime_dispaly(0x80+0x40+5,Hour);
                                            write_com(0x80+0x40+5);
                                            write_com(0x0f);
                                        }
                                        if(Enter_num==5)
                                        {
                                            Minute--;
                                            if(Minute<0)
                                            Minute=59;
                                            SetTime_dispaly(0x80+0x40+8,Minute);
                                            write_com(0x80+0x40+8);
                                            write_com(0x0f);
                                        }
                                        if(Enter_num==6)
                                        {
                                            Second--;
                                            if(Second<0)
                                            Second=59;
                                            SetTime_dispaly(0x80+0x40+11,Second);
                                            write_com(0x80+0x40+11);
                                            write_com(0x0f);
                                        }
                                        if(Enter_num==7)
                                        {
                                            Week--;
                                            if(Week<1)
                                            Week=7;
                                            SetTime_dispaly(0x80+0x40+14,Week);
                                            write_com(0x80+0x40+14);
                                            write_com(0x0f);
                                        }
                                    }
                                }
                            }
                        }
/*****************************传感器检测控制*****************************/
void delay(uint z)          //延时 1ms 函数
{
    uint x,y;
    for(x=z;x>0;x--)
        for(y=110;y>0;y--);
}
```

```
void Fire_Check(void)
{
    if((Fire==0)&&(Smoke==1))          //单独检测到火灾
    {
        Beep=1;
        LED1=0;
        LED2=1;
        LED3=1;
        LED4=1;
        //LED5=1;
    }
}
void Smoke_Check(void)
{
    if((Smoke==0)&&(Fire==1))          //单独检测到煤气
    {
        Beep=1;
        LED1=1;
        LED2=0;
        LED3=1;
        LED4=1;
        //LED5=1;
    }
}
voidSteal_Check(void)
{
    uchar i;
    if(Steal==0)                       //单独检测到防盗
    {
        for(i=0;i<5;i++)               //间断报警，灯闪烁
        {
            Beep=1;
            LED5=0;
            delay(300);
            Beep=0;
            LED5=1;
            delay(300);
        }

    }
    else
    LED5=1;
}
void All_Check(void)
```

```c
{
    if((Smoke==0)&&(Fire==0))              //火灾和煤气同时检测
    {
        Beep=1;
        LED1=0;
        LED2=0;
        LED3=1;
        LED4=1;
    }
}

void Normal_Check(void)
{
    if((Smoke==1)&&(Fire==1))        //正常情况
    {
        Beep=0;
        LED1=1;
        LED2=1;
        LED3=0;
        LED4=0;
    }
}
/*****************************温湿度 DHT11*****************************/
void Delay_DHT(uint j)
{
    uchar i;
    for(;j>0;j--)
    {
        for(i=0;i<27;i++);
    }
}

void Delay_10us(void)            //使用 12M 晶振的时间刚好为 10μs
{
    uchar i;
    i--;
    i--;
    i--;
    i--;
    i--;
    i--;
}

void COM(void)
```

```
{
    uchar i;
    for(i=0;i<8;i++)
    {
        while(!Data);
        Delay_10us();
        Delay_10us();
        Delay_10us();
        Delay_10us();
        Delay_10us();
        temp=0;
        if(Data)          //判断数据位是 0 还是 1，发出低电平数据开始信号后数据拉高
                          //高电平的时间决定数据位是 1 还是 0
        temp=1;           //当高电平时间小于 30μs 时为 0，大于 30μs 且小于 70μs 时为 1
                          //大于 70μs 则进入下一个 bit
        while(Data);      //等待数据接收完
        comdata<<=1;      //左移一位
        comdata|=temp;    //将该位赋给 comdata
    }
}

void RH(void)
{
    //主机拉低 18ms
    Data=0;
    Delay_DHT(180);
    Data=1;
    //总线由上拉电阻拉高，主机延时 20μs
    Delay_10us();
    Delay_10us();
    Delay_10us();
    Delay_10us();
    //主机设为输入，判断从机响应信号
    Data=1;
    //判断从机是否有低电平响应信号，如不响应则跳出，响应则向下运行
    if(!Data)             //T！
    {
        //判断从机是否发出 80μs 的低电平，响应信号是否结束
        while(!Data);
        //判断从机是否发出 80μs 的高电平，如发出则进入数据接收状态
        while(Data);
        //数据接收状态
        //部分用于以后扩展，现读出为 0。操作流程如下：
        //一次完整的数据传输为 40bit，高位先出
```

```
//数据格式: 8bit 湿度整数数据+8bit 湿度小数数据
COM();              //+8bit 温度整数数据+8bit 温度小数数据
RH_data_H_temp=comdata;
COM();
RH_data_L_temp=comdata;
COM();
T_data_H_temp=comdata;
COM();
T_data_L_temp=comdata;
COM();
checkdata_temp=comdata;

Data=1;                                    //总线拉高,进入空闲模式

temp=(T_data_H_temp+T_data_L_temp+RH_data_H_temp+RH_data_L_temp);
    if(temp==checkdata_temp)            //数据校验
    {
        RH_data_H=RH_data_H_temp;
        RH_data_L=RH_data_L_temp;
        T_data_H=T_data_H_temp;          //温湿度的分辨率都为 1, 小数部分都是 0
        T_data_L=T_data_L_temp;
        checkdata=checkdata_temp;
    }
  }
}
void Timer_init(void)
{
    TMOD=0x12;                  //设置定时器 0 为工作方式 1
    TH1=(65536-2000)/256;       //2ms 定时
    TL1=(65536-2000)%256;
    EA=1;                       //开启定时器 T0 的中断 (总中断)
    ET1=1;
    TR1=1;                      //开启定时器
}

void main(void)
{
    init();                     //液晶初始化
    Timer_init();               //定时器初始化
    while(1)
    {
        if(Adjust==0)           //非调节模式下显示时间和采集温湿度
        {
            Time_Display();     //显示时间
```

```
    if(Count>=250)        //每0.5秒采集一次温湿度,避免显示错乱,250*2ms=0.5s
    {
        EA=0;
        RH();                                        //读取温湿度
        EA=1;
        SetTime_dispaly(0x80+0,T_data_H);            //显示温度
        SetTime_dispaly(0x80+0x40+0,RH_data_H);      //显示湿度
        write_com(0x80+2);                           //要写的地址
        write_date(0x43);                            //写 C
        write_com(0x80+0x40+2);                      //要写的地址
        write_date(0x25);                            //写 %
        Count=0;                                     //清零
    }
    }
    Keyscan();                                       //扫描键盘
    Fire_Check();
    Smoke_Check();
    Steal_Check();
    All_Check();
    Normal_Check();
}
```

C　常用快捷键

菜单	应用于原理图	应用于 PCB	快捷键
文件（F）	显示文件面板		Ctrl+N
	打开任何存在的文件		Ctrl+O
	关闭当前文件		Ctrl+F4
	保存当前文件		Ctrl+S
	打印当前文件		Ctrl+P
	从应用退出		Alt+F4
编辑（E）	取消		Ctrl+Z
	重做		Ctrl+Y
	剪切		Ctrl+X
	复制		Ctrl+C
	粘贴		Ctrl+V
	智能粘贴		Ctrl+Shift+V
	清除		Delete

续表

菜单	应用于原理图	应用于 PCB	快捷键
编辑（E）	查找文本		Ctrl+F
	发现和替换文本	选择连接铜皮	Ctrl+H
	旋转选择对象		Space
	顺时针旋转选择对象		Shift+Space
对齐（G）	器件左对齐排列	以左边沿对齐器件	Ctrl+Shift+L
	器件右对齐排列	以右边沿对齐器件	Ctrl+Shift+R
	器件水平等间距对齐排列	使器件的水平间距相等	Ctrl+Shift+H
	器件顶对齐排列	顶对齐器件	Ctrl+Shift+T
	器件底部对齐排列	底对齐器件	Ctrl+Shift+B
	垂直等间距对齐对象排列	使器件的垂直间距相等	Ctrl+Shift+V
	器件对齐到当前栅格上	移动选中的器件到栅格上	Ctrl+Shift+D
跳转（J）	跳到原点		Ctrl+Home
设置位置标志（K）	查找相似对象		Shift+F
	选中对象移动一小步	对选中的对象跳转 1 个栅格单位	Ctrl+方向键
	选中对象移动一大步	对选中的对象跳转 10 个栅格单位	Ctrl+Shift+方向键
	编辑 In-Place		F2
	切换 Sch 对象检视器	切换 PCB 对象检视器	F11
	切换 Sch 表达式过滤器	切换 PCB 过滤器	F12
	切换 Sch 对象列表	切换 PCB 对象列表	Shift+F12
	清除所有下划线		Ctrl+Shift+C
	显示选择的存储器对话框		Ctrl+Q
	切换浮动面板可见性		F4
	显示下一个通道	显示下一个使能的层	Plus
	显示上一个通道	显示上一个使能的层	Minus
	退后	显示库中的前一个器件	Alt+Left
	前进	显示库中的下一个器件	Alt+Right
		小增量的放大	Shift+PgUp
		小增量的缩小	Shift+PgDn
		切换单层模式	Shift+S
		切换布线模式	Shift+R